应用型高等院校校企合作创新示范教材

生物质锅炉技术

主　编　刘海力

副主编　林道光　许　君

中国水利水电出版社
www.waterpub.com.cn
·北京·

内 容 提 要

本书为湖南人文科技学院与理昂生态能源股份有限公司共同编写的校企合作教材。

全书主要介绍了生物质锅炉技术，共分为两篇，第一篇主要介绍生物质能源发电技术、生物质燃烧发电系统及技术经济性评价、生物质及燃烧计算、锅炉热平衡计算、循环流化床内的气固两相流动和生物质循环流化床锅炉传热等基本理论知识；第二篇主要介绍循环流化床锅炉概况、设备的简要特性、锅炉机组的启动、流化床锅炉燃烧调整、锅炉运行中的监视与调整、锅炉机组的停运、锅炉事故处理等操作规程。

本书可作为高等院校能源与动力工程专业的教材用书，也可作为生物质锅炉技术相关专业技术人员的培训教材或参考书。

图书在版编目（ＣＩＰ）数据

生物质锅炉技术 ／ 刘海力主编． —— 北京 ： 中国水
利水电出版社，2019.3
应用型高等院校校企合作创新示范教材
ISBN 978-7-5170-7539-4

Ⅰ．①生… Ⅱ．①刘… Ⅲ．①生物质－锅炉－高等学
校－教材 Ⅳ．①TK22

中国版本图书馆CIP数据核字(2019)第051320号

策划编辑：周益丹　　责任编辑：张玉玲　　加工编辑：武兴华　　封面设计：李　佳

书　　名	应用型高等院校校企合作创新示范教材 **生物质锅炉技术** SHENGWUZHI GUOLU JISHU
作　　者	主　编　刘海力 副主编　林道光　许　君
出版发行	中国水利水电出版社 （北京市海淀区玉渊潭南路 1 号 D 座　100038） 网址：www.waterpub.com.cn E-mail: mchannel@263.net（万水） 　　　　sales@waterpub.com.cn 电话：（010）68367658（营销中心）、82562819（万水）
经　　售	全国各地新华书店和相关出版物销售网点
排　　版	北京万水电子信息有限公司
印　　刷	三河市鑫金马印装有限公司
规　　格	184mm×260mm　16 开本　12.25 印张　293 千字
版　　次	2019 年 3 月第 1 版　2019 年 3 月第 1 次印刷
印　　数	0001—2000 册
定　　价	38.00 元

前　　言

生物质作为一种重要的可再生能源，其开发利用日益受到社会的重视，生物质锅炉作为生物质能源清洁燃烧的重要设备，得到了快速发展和大力推广应用。为满足从事生物质锅炉运行、安装、调试、管理等方面工作人员的需要，湖南人文科技学院能源与动力工程教研室部分教师与理昂生态能源股份有限公司技术人员，共同编写了《生物质锅炉技术》一书，全面介绍了生物质锅炉的基本知识和使用技术。

全书共分为两篇，第一篇主要介绍了生物质能源发电技术、生物质燃烧发电系统及技术经济性评价、生物质及燃烧计算、锅炉热平衡计算、循环流化床内的气固两相流动、生物质循环流化床锅炉传热等锅炉的基本理论知识；第二篇主要介绍循环流化床锅炉概况、设备的简要特性、锅炉机组的启动、流化床锅炉燃烧调整、锅炉运行中的监视与调整、锅炉机组的停运、锅炉事故处理等锅炉的操作规程。

本书由刘海力担任主编，林道光、许君担任副主编，参与编写的还有黎娇、毛永宁、曾稀、严中俊、陆卓群、杨正德、陈旺。具体编写章节分配如下：第一章由湖南人文科技学院黎娇编写，第二章由湖南人文科技学院毛永宁编写，第三章由湖南人文科技学院曾稀编写，第四章由湖南人文科技学院林道光编写，第五章由湖南人文科技学院刘海力、严中俊编写，第六章由湖南人文科技学院陆卓群编写，第七至十三章由刘海力和理昂生态能源股份有限公司许君副总工程师共同编写。全书由刘海力和林道光统稿。

本书引用了大量的文献资料，重点参考了叶江明主编的《电厂锅炉原理及设备》、杨建华主编的《循环流化床锅炉设备及运行》等教材，在此向有关作者及单位深表感谢。

限于作者的水平，书中难免有疏误之处，恳请同行和读者批评指正。

编　者

2019 年 1 月

目　　录

第二篇 循环流化床锅炉基础及操作规程

第一篇　基本理论

第一章　绪论

第一节　生物质概述

一、生物质和生物质能的概念

生物质是指通过光合作用直接或间接形成的各种有机体，包括植物、动物排泄物、垃圾及有机废水等。所谓的生物质能就是太阳能以化学能形式贮存在生物质中的能量形式，是一种以生物质为载体，唯一一种可储存、可运输的可再生能源。生物质和常规的矿物能源如石油、煤炭的主要成分一样，都是 C-H 化合物，所以它的特性和利用方式与矿物燃料有很大的相似性，可以充分利用已经发展起来的常规能源技术开发利用生物质能。这也是开发利用生物质能的优势之一。

二、生物质资源的具体形式

1. 农业生物质资源

农业生物质资源包括农作物、农业生产剩余物（如农作物秸秆，包括玉米秸秆、高粱秸秆、麦秸和稻草等）和农产品经过加工后产生的废弃物（如稻壳、玉米芯、甘蔗渣、花生壳和棉籽壳等加工剩余物）。农产品加工剩余物与农作物的产量有密切的关系。农作物产量高的地区，一般具有丰富的农产品剩余物资源。

2. 林业生物质资源

林业生物质资源包括森林生物质以及林产品生产和加工过程所产生的剩余物。林业剩余物主要包括采伐剩余物（枝丫、树梢、树叶、树皮、树根、藤条和灌木等）、选材剩余物（指选材截头）和加工剩余物（板皮、板条、木竹截头、锯末、碎单板、木芯、木块、刨花和边角余料等）。

3. 能源作物

能源作物是指经过专门种植，用以提供能源原料的草本和木本植物。常见的能源作物包括柳树、杨树、柳枝、芦苇、甜高粱、油菜、甘蔗、甘薯和木薯等。能源作物的开发与种植，不仅可以使能源可再生和综合利用，而且由于这些能源作物对土地的要求不高，只需要种植在边际农业用地，因此也为农业的发展创造了良好的契机。

4. 其他类

除了上面三种之外，生物质资源还有水生藻类（海带、浮萍、小球藻等）、光合成微生物藻类（硫细菌、非硫细菌等）、动物粪便、动物尸体、废弃物的有机成分、城市垃圾的有机成分等。

三、生物质能的特点

（1）可再生性。生物质能通过植物的光合作用再生，因此生物质能是取之不尽、用之不竭的可再生能源。

（2）环保性。生物质的硫含量、氮含量以及灰分较低，通过正确的燃烧方式能使排放烟气中的 SO_x、NO_x 和灰渣等有害物质降低，甚至能实现二氧化碳的零排放。同时该物质作为发电燃料，能够从根本上解决农民因为燃烧大量废弃秸秆造成环境污染的问题。

（3）易气化。生物质形成年代远远短于石油、煤炭等常规矿物能源，因此生物质挥发组分高，更易气化。

（4）资源丰富。生物质能分布广泛、资源丰富，是世界第四大一次能源，仅次于煤炭、石油和天然气。生物质能既是对传统一次能源的重要补充，又是未来能源结构的基础，对能源可持续发展起着重要的作用。

第二节　中国发展生物质发电产业的意义

根据国际可再生能源组织的预测，地下石油、天然气及煤的储量，按目前的开采利用率仅够使用 60 年左右。因此，生物质能源是未来可再生能源的一个重要发展方向。随着世界性的能源匮乏，生物质能源的市场需求利润空间将不可估测。

中国是一个拥有八亿多农村人口的农业大国，"秸秆煤炭"是一种新型的生物质可再生能源，是指以农村的玉米秸秆、小麦秸秆、棉花秆、稻草、稻壳、花生壳、玉米芯、树枝、树叶、锯末等农林固体废弃物为原料，经过加压处理，增密成型，变为新型能源，作为煤炭和石油等化石能源的有效替代能源，其原料取之不尽、永不枯竭。因此，在中国发展生物质发电产业，对经济社会发展和生态环境保护具有十分重要的战略意义。

一、生物质发电可作为中国可靠的绿色电力保障

生物质发电在中国已有所发展。截至 2017 年底，中国生物质发电装机容量为 1476 万 kW，年发电量 795 亿 kWh，占全部发电量的 1.2%。全国生物质发电替代化石能源约 2500 万 t 标煤，减排二氧化碳约 6500 万 t。农林生物质发电共计处理农林废弃物约 5400 万 t；垃圾焚烧发电共计处理城镇生活垃圾约 10600 万 t，约占全国垃圾清运量的 37.9%。同其他发电技术相比，中国拥有的巨大的农林废弃物产量可以为生物质发电产业提供有力的原料支持，保障电力的充足供应。

二、生物质发电有助于节能减排，保护生态环境

我国以煤炭发电为主，每年消耗煤炭约 15 亿 t，给中国的大气环境带来严重的污染。从生物质全周期来看，生物质发电接近 CO_2 零排放，SO_2 等多种大气污染物排放量少，是绿色低碳、节能减排、保护大气和生态环境的有效途径。

三、生物质发电在解决"三农"问题和扩大可持续能源利用方面发挥重要作用

生物质发电将农林废弃物资源进行高值化利用，给当地的广大农民带来一定的经济效益，同时也在一定程度上避免了因农林废弃物带来的水土污染、空间浪费、火灾安全隐患、生物疾

病威胁等一系列问题。

综上所述，在中国从现阶段直至中长远社会经济总体发展、能源安全和环境保护来看，重视和合理有效开发利用生物质能源具有重要的战略意义和深远的社会意义，所以在中国开发利用生物质能源是非常必要和可行有效的。

第三节　国内外生物质发电技术的发展现状

一、生物质发电的技术分类

生物质发电是利用生物质能进行的发电，是生物质能利用途径之一。此外还有生物质供热、生物质燃气和生物液体燃料。生物质发电的形式分为五种：直接燃烧发电、混合燃烧发电、气化发电、沼气发电和垃圾焚烧发电。

1. 直接燃烧发电

将生物质在锅炉中直接燃烧，生产蒸汽带动蒸汽轮机及发电机发电。生物质直接燃烧发电的关键技术包括生物质原料预处理、锅炉防腐、锅炉的原料适用性及燃料效率、蒸汽轮机效率等技术。

2. 混合燃烧发电

生物质与煤混合作为燃料发电，称为生物质混合燃烧发电技术。混合燃烧发电主要有两种。一种是生物质直接与煤混合后投入燃烧，该方式对于燃料处理和燃烧设备要求较高，不是所有燃煤发电厂都能采用；一种是生物质气化产生的燃气与煤混合燃烧，这种混合燃烧系统中燃烧产生的蒸汽一同送入汽轮机发电机组。这种方式的通用性较好，对原燃煤系统的影响也比较小。

3. 气化发电

所谓生物质气化发电，就是在气化炉中将生物质转化为气体燃料，再经净化后，直接进入燃气机内燃烧发电，或者在燃料电池发电。气化发电的关键技术之一是燃气净化，气化出来的燃气中都含有一定的杂质，包括灰分、焦炭和焦油等，需经过净化系统把杂质除去，以保证发电设备的正常运行。

4. 沼气发电

沼气发电是指利用工农业或城镇生活中的大量有机废弃物经厌氧发酵处理产生的沼气驱动发电机组发电。用于沼气发电的设备主要为内燃机，一般由柴油机组或天然气机组改造而成。

5. 垃圾焚烧发电

垃圾发电包括垃圾焚烧发电和垃圾气化发电，垃圾焚烧发电是利用垃圾在锅炉中焚烧，燃烧放出的热量将水加热获得过热蒸汽，推动汽轮机带动发电机发电。垃圾焚烧技术主要有层状燃烧技术、流化床燃烧技术、旋转燃烧技术等。

二、国外生物质发电技术发展现状

20世纪的两次石油危机给西方国家带来了沉重的打击，同时也大大促进了全球范围内可再生能源的发展。从20世纪70年代开始，可再生能源已逐渐成为常规化石燃料的一种替代能源，世界上许多国家或地区将可再生能源作为其能源发展战略的重要组成部分。由于生物质能源技术战略地位的重要性，进入 21 世纪以来，世界各国尤其是英国、美国、丹麦、澳大利亚等国家都重新修订了能源政策，确立了以新世纪、新能源、新政策为主体的能源发展战略。特别是欧盟国家，已经把可再生能源技术放在整个能源战略中最突出的地位，计划到 2050 年，使可再生能源在整个能源构成中占据 50%的比例。美国提出了绿色电力计划，主要是风力发电和生物质能发电等。

目前，发达国家大型生物质发电系统主要采用生物质燃气—蒸汽整体气化联合循环发电（BIGCC）系统，主要问题是系统造价高。例如，意大利 12MW 的 BIGCC 示范项目的发电效率约为 31.7%，但建设成本高达 25000 元/kW，发电成本达 1.2 元/kWh。近年来，发达国家也进行了其他技术的研究，如比利时和奥地利的生物质气化—外燃式燃气轮机发电技术，美国的史特林循环发电技术等，均可在提高发电效率的前提下降低成本。

1. 直接燃烧发电

欧洲一些国家的生物质直接燃烧发电技术较成熟，生物质废弃物发电利用率高，以丹麦研发的秸秆燃烧发电技术的广泛应用可见直接燃烧发电在生物质发电技术中的重要性。

丹麦南部的洛兰岛马里博秸秆发电厂，由丹麦国家电力公司投资建设，采用 BWE 公司的技术设计和锅炉设备，装机容量为 1.2 万 kW，总投资 2.3 亿丹麦克朗。电厂实行热电联供，年发电 5000 万 kWh，每小时消耗 7.5t 秸秆，为马里博和萨克斯克宾两个镇 5 万人口供应热和电。全厂连厂长在内一共只有 10 名职工，电厂自动化程度很高，可以做到无人值守。电厂的整个运行流程如下：载重汽车将成捆的秸秆运进电厂的第一个车间——原料库，吊装机抓起秸秆整齐地堆放在库中；传送带将库里的秸秆一捆接一捆地送往紧邻的封闭型切割装置，秸秆在这里被加工成一段段不规则的短秸秆；短秸秆被源源不断地送进锅炉燃烧，产生 540℃的高压蒸汽，推动汽轮机发电；另有专门的管道供热。从连接锅炉的空气预热器中传出一条长长的管道，与电厂大烟囱相连，管道中部装有一个较大的漏斗状滤器，专门回收炉灰作为肥料供给农民。炉灰是很好的钾肥，农民每卖一吨秸秆不仅能得到 400 丹麦克朗，还能免费得到电厂返还的 48kg 炉灰。整个秸秆资源得到循环利用，没有多少资源浪费和污染排放。

位于丹麦首都哥本哈根南郊海滨的阿文多电厂，装机容量为 85 万 kW，是一座可在统一炉体燃烧煤、油、天然气和秸秆、木屑压缩颗粒的多燃料方式发电厂。其锅炉效率为 94%，电厂的热效率为 47%。丹麦的秸秆燃烧发电技术现已走向世界，被联合国列为重点推广项目。瑞典、芬兰、西班牙等多个欧洲国家由 BWE 公司提供技术设备建成了秸秆发电厂，其中位于英国坎贝斯的生物质能发电厂是目前世界上最大的秸秆发电厂，装机容量为 3.8 万 kW，总投资约 5 亿丹麦克朗。

2. 垃圾焚烧发电

城市垃圾焚烧发电是近 30 年发展起来的新技术，特别是 20 世纪 70 年代以来，由于资源和能源危机的影响，发达国家对垃圾采取了"资源化"方针，垃圾处理不断向"资源化"发展，垃圾电站在发达国家迅猛发展。最先利用垃圾发电的是德国和美国。1965 年，西德就已建有垃圾焚烧炉 7 台，垃圾焚烧量每年达 7.8105t，垃圾发电受益人口为 245 万；到 1985 年，垃圾焚烧炉已增至 46 台，垃圾年焚烧量为 8106t，可向 2120 万人供电，受益人口占总人口的 34.3%。法国共有垃圾焚烧炉约 300 台，可以烧掉 40%的城市垃圾。目前，法国首都已建有一个较完善的垃圾处理系统，有 4 个垃圾焚烧厂，处理垃圾已超过 170 万 t/年，产生相当于 20 万 t 石油能源的蒸汽，供巴黎市使用。美国自 20 世纪 90 年代初，垃圾焚烧发电占总垃圾处理量的

18%，在美国的底特律市拥有世界上最大的日处理垃圾 4000t 的垃圾发电厂。日本城市垃圾焚烧发电技术发展很快，1989 年焚烧处理的比例已占总量的 73.9%，现已完全采用垃圾焚烧法。欧洲许多国家的焚烧比例也都接近或超过填埋比例。发达国家已有很多厂家致力于垃圾气化技术的开发，包括固定床式、旋转窑式、流化床炉式气化。如在美国有一些应用的水平固定式气化炉，炉体分为一次燃烧室和二次燃烧室，分段供气燃烧，余热回收利用蒸汽或热水；另一种垂直固定式气化炉用于处理高密度垃圾衍生燃料（RDF）或较均匀的垃圾。瑞士热选公司开发的热选式气化技术，将垃圾压缩至方形热分解罐内加热气化，再注入氧气并利用助燃将灰熔融温度提高至 1700℃，热解气在后续设备中被洗涤后进行气体回收或气体发电，已在意大利建造了实验工厂。日本川崎制铁公司引进此技术建造了规模为 300t/d 的工厂。德国 PKA 公司开发的 PKA 气化技术利用旋转窑将垃圾气化，热解气体经洗涤净化后直接用于发电。

3. 混合燃烧发电

由于生物质的能量密度低、体积大，运输过程增加了 CO_2 的排放，不适应集中大型生物质发电厂。而分散的小型发电厂，投资、人工费高，效率低、经济效益差。因此在大型燃煤发电厂，将生物质与矿物燃料混合燃烧成为新的概念。它不仅为生物质和矿物燃料的优化混合提供了机会，同时许多现存设备不需太大的改动，使整个投资费用降低。

生物质混合燃烧发电被认为是一种近期可以实现的、相对低成本的生物质发电技术。相关研究表明，在生物质混合燃烧发电中，如果将燃料供应系统和燃烧锅炉稍作修改，生物质的能量混合比例可以达到 15%，而整个发电系统的效率能达到 33%～37%。将生物质与常规的煤炭混合燃烧发电，既可以充分利用现有的燃煤电厂的投资和基础设施，又能减少传统污染物（SO_2 和 NO_x）和温室气体的排放，对于生物质燃料市场的形成和区域经济的发展都将起到积极的促进作用。

该技术在挪威、瑞典、芬兰和美国已得到广泛应用，根据 IEA（International Energy Agency）统计的数据，全球已有 200 多座混合燃烧示范电站。芬兰生物质发电量占本国总发电量的 11%，是世界上占比最大的国家。英国有许多装机容量接近或超过 1000 MW 的燃煤电厂都实现了混合燃烧发电。 截至 2011 年底，美国生物质发电装机容量约为 13700 MW，约占可再生能源发电装机容量的 10%，发电量约占全国总发电量的 1%。生物质混合燃烧发电在美国生物质发电中占有较大的比重，以木质废弃物（锯末等）与烟煤煤粉混合燃烧居多，混烧生物质燃料的比例占 3%～12%。

4. 生物质气化发电

小型生物质气化发电系统一般指采用固定气化设备，发电规模在 200kW 以下的气化发电系统，主要集中在发展中国家，特别是非洲的一些国家，以及印度和中国等东南亚国家。美国以及欧洲的一些发达国家虽然小型生物质气化发电技术非常成熟，但由于生物质能源相对较贵，而能源供应系统完善，对劳动强度要求大，使用不方便的小型生物质气化发电技术应用非常少，只有少数供研究用的实验装置。

中型生物质气化发电系统一般指采用流化床气化工艺，发电规模在 400～3000kW 的气化发电系统，在发达国家应用较早，技术较成熟，但由于设备造价很高，发电成本居高不下，因此在发达国家应用较少，目前仅在欧洲有少量的几个项目。

大型生物质气化发电系统相对于常规能源系统仍是非常小的规模，所以大型生物质气化发电系统只是相对的。考虑到生物质资源分散的特点，一般把大于 3000kW，而且采用了 BIGCC 的气化发电系统归入大型的行列。在国际上，大型生物质气化发电系统的技术远未成熟，主要的应用仍停留在示范和研究阶段。生物质BIGCC作为先进的生物质气化发电技术，能耗比常规系统低，总体效率可大于40%，从1990年起引起了很多国家极大的兴趣。目前国际上有很多发达国家开展着这方面研究，如美国Banelle（63MW）和夏威夷（6MW）项目，欧洲的英国（8MW）和芬兰（6MW）的示范工程等。但由于其经济性较差，以意大利12MW的BIGCC示范项目为例，建设成本高达25000元/kW，发电成本约1.2元/kWh，目前仍未真正进入市场，有待进一步探索研究。如瑞典的Varna生物质示范电站是欧洲发达国家的一个BIGCC发电示范项目，它的主要目的是建设一个完善的生物质BIGCC示范系统，研究生物质BIGCC的各部分关键过程。该项目采用了目前欧洲在生物质气化发电技术研究的所有最新成果，包括采用高压循环流化床气化技术（18MW）、高温过滤技术、燃气轮机技术（4.2MW）和余热蒸汽发电系统。

5. 沼气发电

沼气技术主要为厌氧法处理畜禽粪便和高浓度有机废水，是发展较早的生物质能利用技术。20世界80年代以前，发展中国家主要发展沼气池技术，以农作物秸秆和畜禽粪便为原料生产沼气作为生活炊事燃料，如印度和中国的家用沼气池；而发达国家则主要发展厌氧技术处理畜禽粪便和高浓度有机废水。

目前，日本、丹麦、荷兰、德国、法国、美国等发达国家均普遍采取厌氧法处理畜禽粪便，而像印度、菲律宾、泰国等发展中国家也建设了大中型沼气工程处理畜禽粪便的应用示范工程。美国纽约斯塔藤垃圾处理站投资2000万美元，采用湿法处理垃圾，日产26万m^3沼气，用于发电、回收肥料，效益可观，预计10年可收回全部投资。另外在奶牛场农民积极利用牛粪沼气发电，目前加州的十几个奶牛场正在兴建沼气发电装置。欧洲用于沼气发电的内燃机，较大的单机容量为0.4～2MW，填埋沼气的发电效率约为1.68～2kWh/m^3。

三、中国生物质发电技术发展状况

截至2017年底，全国共有30个省（区、市）投产了747个生物质发电项目，并网装机容量1476.2万kW（不含自备电厂），年发电量794.5亿kWh。其中农林生物质发电项目271个，累计并网装机700.9万kW，年发电量397.3亿kWh；生活垃圾焚烧发电项目339个，累计并网装机725.3万kW，年发电量375.2亿kWh；沼气发电项目137个，累计并网装机50.0万kW，年发电量22.0亿kWh。生物质发电累计并网装机排名前四位的省份是山东、浙江、江苏和安徽，分别为210.7万kW、158.0万kW、145.9万kW和116.3万kW；年发电量排名前四位的省份是山东、江苏、浙江和安徽，分别是106.5亿kWh、90.5亿kWh、82.4亿kWh和66.2亿kWh。

在中国生物质能发展"十三五"规划中，明确提出作为可再生能源的生物质能是一种新型的重要能源。发展生物质能，能够促进能源的革新、消费升级，能够改善环境质量、促进发展循环经济。生物质能在2020年将基本实现商业化和规模化利用。年利用约$5.8×10^7$t标准煤，达到15GW的装机容量，达到90000 GWh年发电量，其中7000 MW直燃发电，7.5GW垃圾发电，0.5GW沼气发电；$8×10^9 m^3$年利用量生物天然气；$6×10^6$t年利用量生物液体燃料；$3×10^7$t年利用量生物质成型燃料。生物质能产业到2020年时，新增约1960亿元投资。其中，投资约400亿元属于生物质发电，投资约1200亿元属于生物天然气，新增约180亿元属于生物质成型燃料供热产业，投资约180亿元属于生物液体燃料。表1-1为2017年全国各省（区、市）生物质发电并网运行情况。

表 1-1 2017 年各省（区、市）生物质发电并网运行情况

省（市、区）	累计并网装置容量/万 kW				年发电量/亿 kWh			
	合计	农林生物质发电	生物垃圾焚烧发电	沼气发电	合计	农林生物质发电	生物垃圾焚烧发电	沼气发电
北京	21.3	0.0	19.5	1.8	13.3	0.0	12.2	1.1
天津	10.3	0.0	10.3	0.0	5.3	0.0	5.5	0.0
河北	67.6	42.6	24.1	0.9	33.6	23.5	9.8	0.3
山西	39.0	27.9	11.1	0.0	22.8	17.2	5.6	0.0
内蒙古	17.2	10.2	6.9	0.1	7.7	6.2	1.5	0.0
辽宁	15.8	7.2	7.7	0.9	8.2	4.3	3.3	0.6
吉林	53.4	39.7	13.4	0.3	28.0	22.7	5.3	0.0
黑龙江	90.1	81.6	8.1	0.4	47.5	44.5	2.9	0.1
上海	27.2	0.0	25.5	1.7	18.7	0.0	17.6	1.1
江苏	145.9	49.4	90.8	5.7	90.5	31.8	56.6	2.1
浙江	158.0	21.4	133.1	3.5	82.4	11.6	69.0	1.8
安徽	116.3	74.9	40.0	1.4	66.2	48.5	17.0	0.7
福建	45.7	5.4	39.1	1.2	24.6	3.0	21.2	0.4
江西	29.3	17.6	8.1	3.6	17.0	12.1	2.9	2.0
山东	210.7	126.0	79.8	4.9	106.5	70.3	34.5	1.7
河南	51.9	39.1	6.4	6.4	25.1	20.1	3.1	1.9
湖北	73.2	48.3	23.5	1.4	36.9	23.7	12.9	0.3
湖南	55.1	39.7	12.7	2.7	26.7	19.9	5.5	1.3
广东	101.6	22.0	72.8	6.8	59.1	14.7	41.3	3.1
广西	28.0	17.0	9.3	1.7	14.9	8.6	5.3	1.0
海南	7.7	0.0	7.7	0.0	5.2	0.0	5.2	0.0
重庆	19.3	6.0	12.7	0.6	11.1	2.0	8.6	0.5
四川	43.6	5.5	35.9	2.2	20.4	3.5	16.1	0.8
贵州	9.6	6.0	3.6	0.0	5.6	3.7	1.9	0.0
云南	12.6	0.0	12.6	0.0	6.0	0.0	6.0	0.0
陕西	5.5	3.0	1.4	1.1	2.1	1.3	0.1	0.7
甘肃	8.9	3.0	5.8	0.1	4.7	1.7	2.9	0.1
青海	0.4	0.0	0.0	0.4	0.2	0.0	0.0	0.2
宁夏	8.4	5.0	3.4	0.0	2.3	0.7	1.6	0.0
新疆	2.6	2.4	0.0	0.2	1.9	1.7	0.0	0.2
全国	1476.2	700.9	725.3	50.0	794.5	397.3	375.2	22.0

1. 直接燃烧发电

国内直接燃烧发电技术已经越来越成熟，单台机组装机可达 15MW。基于中国生物质资源中主要是秸秆等农作物，国内生物质燃烧技术以秸秆燃烧技术为主。中国已有相当多的锅炉生产企业纷纷研制生产出各种类型的生物质锅炉，技术已基本成熟，种类主要是木柴锅炉、甘蔗渣锅炉、稻壳锅炉，而且锅炉的容量、压力参数等可根据用户的需要进行设计。木材锅炉和甘蔗渣锅炉系列品种齐全，应用广泛，锅炉容量、蒸汽压力和温度范围大，但由于国内生物质燃料供应不足，国内市场应用多为小中型容量产品，大型设备主要是出口到国外生物质供应量较集中的国际市场。

中国第一座国家级生物质发电示范项目是山东省单县秸秆直燃发电厂，采用丹麦 BWE 公司先进的高温高压水冷振动炉排燃烧技术。在技术引进的同时，以浙江大学为代表的国内科研机构，紧扣国际前沿，结合中国国情，成功研发了基于循环流化床的秸秆燃烧技术和装置，并于 2006 年在江苏宿迁成功建设了世界上首个以农作物秸秆为燃料的 CFB 直燃发电示范项目。近年来，中国高参数大容量发电机组开始出现，广东粤电投资建设的湛江生物质发电项目为目前世界上最大的生物质直燃发电机组。

2. 垃圾焚烧发电

中国生活垃圾焚烧技术研究起步于 20 世纪 80 年代中期，随着东南沿海地区和部分中心城市生活垃圾热值提高，已有深圳等少数城市采用焚烧技术处理和利用垃圾资源，并在引进国外先进技术设备的基础上开始设备国产化。如深圳市政环卫综合处理厂，是国内第一座采用焚烧技术处理城市生活垃圾并利用其余热发电、供热的现代化公益设施。一期工程 1988 年 11 月投产，装有两台日本三菱马丁炉和一台 500kW 发电机组及配套设备，二期工程 1996 年 7 月投产，增建一台国产三菱马丁炉和一台 3000kW 发电机组及配套设备，其中 85%以上国内生产。珠海、宁波等地也兴建了城市垃圾焚烧发电厂。虽然垃圾填埋仍是目前中国处理垃圾的主要方式，但随着国民经济和城市建设的发展和环保标准的提高，新建垃圾填埋场受到越来越多的限制，同时垃圾中可燃物增加，热值明显提高，将使垃圾焚烧成为中国垃圾处理的主要技术之一。所以，大力发展城市垃圾焚烧发电技术，不仅能解决垃圾处理问题，减少环节污染，还能在一定程度上缓解能源紧张状况。同时，中国的环保企业也纷纷研发了一些小型垃圾气化环保设备。如广州市通用新产品开发有限公司的处理城镇（小区）生活垃圾的 FQZ 系列气化焚烧炉（15~100t/d），余热进行回收利用产生热水、蒸汽或发电；广东省博罗九能高新技术工程有限公司的 JN 系列医疗垃圾热解焚烧炉，可彻底无害化处理特种医疗垃圾，并回收余热产生热水、蒸汽或发电。

3. 生物质气化技术

近年来，中国的生物质气化技术有了长足的进步，根据不同原料和不同用途主要发展了三种工艺类型。第一种是上吸式固定床气化炉，其气化效率达 75%，最大输出功率约为 1400MJ/h，该系统可将农作物秸秆转换为可燃气，通过集中供气系统供给用户居民炊事用能。第二种是下吸式固定床气化炉，其气化效率达 75%，最大输出功率约为 620MJ/h，该系统主要用于处理木材加工厂的废弃物，每天可生产 2600m³ 可燃气，作为烘干过程的热源。第三种是循环流化床气化炉，其气化效率达 75%，最大输出功率约为 2900MJ/h，该系统主要用于处理木材加工厂的废弃物（如木粉等），为工厂内燃机发电提供燃料，其 1MW 电站系统已在三亚成功运行，并在全国推广 20 余套。

中国近年来特别重视中小型生物质气化发电技术的研究和应用，开发的中小规模生物质气化发电技术具有投资少、灵活性好等特点。已研制的中小型生物质气化发电设备功率从几千瓦到4000kW，气化炉的结构有层式上吸式气化炉、下吸式气化炉和循环流化床气化炉等，采用单燃料气化内燃机和双燃料内燃机，单机最大功率 200kW。开发出的循环流化床气化发电系统，对于处理大规模生物质具有显著的经济效益，已经成为国际上应用最多的中型生物质气化发电系统。但由于生物质种类的复杂性和气化发电技术本身固有的特点，还有灰处理、焦油、气体净化、废水处理的等问题有待解决。

4. 沼气发电

中国应用最广泛的生物质能开发利用技术还是沼气工程技术。2012 年，中国工业废水年总排放量达 245 亿 t，废水中含有机物 704.5 万 t，可采用厌氧发酵技术处理的工业有机废水量在 22 亿 m³以上，估计每年实际可开发的沼气约为 60 亿 m³。另外，中国畜禽养殖场每年排放 16.76 亿 t 废水和废渣，可开发的沼气为 40 亿 m³。可见采用厌氧发酵技术每年可开发的沼气量达 100 亿 m³，达到全国天然气产量的 40%。

经过近 30 年的发展，中国厌氧处理工业废水和畜禽养殖场废弃物的技术，已发展到中、大规模。利用沼气发电的机组约为 200 多座，总装机容量约为 5MW，年发电量约 5400MWh，其中大中型沼气发电装机 770kW，年发电量 130 万 kWh。同时，0.5～250kW 不同容量的沼气发电机组已形成系列产品，沼气发电已在工矿企业、乡村城镇以及缺煤缺水地区普遍采用。

第四节　生物质发电产业存在的问题及发展趋势

一、生物质发电产业存在的问题

近年来，国内外发电行业对生物质资源的开发利用给予了极大的关注，生物质发电产业正蓬勃兴起。中国生物质气化发电技术已研究多年，技术也趋于成熟，但至今在总体供电总量中所占比例很小，主要是因为该技术的产业化转化还存在以下方面的问题。

（1）技术问题。目前还存在需要解决的技术难题，主要有高温超高压锅炉、汽机和发电机的整体国产化、原料预处理成本高、气化炉结构优化设计及系统耦合、气化气中的焦油裂解与净化技术和固体炭副产品的高值化利用技术以及各技术环节的系统集成。

（2）原料供应的问题。虽然中国生物质总量丰富，但是在全国各地区分布十分分散，生物质原料受季节性、天气等因素的影响，容易造成原料供应不足，与传统燃料相比，生物质燃料需要经过加工、运输和储存，燃料供应成本偏高，电厂发电成本难以控制。以至于造成设备利用率少，发电量低，运行维护成本高等问题。

（3）产业发展模式的问题。中国生物质发电产业已经初具规模，但产业链仍需要进一步完善，如人才支撑不够、配套的机械制造行业还未形成、成熟的产品市场和生物质发电行业的相关标准及规范尚未建立等。

（4）行业规范和政府管理的问题。目前生物质发电产业的技术工艺标准、设备生产标准尚未建立，产业技术及装备水平参差不齐。另外，政府对可再生能源发电有一定的政策支持，但这些扶持政策还不够细化、明确，地方政府和管理部门操作起来有很大困难，导致产业市场缺乏监督与引导，相关法律制度也不完善。政府给出的生物质发电上网电价的补贴是以脱硫煤为基础，而生物质燃料和煤不同，政策不合理。尤其生物质电厂只能享受运行前 15 年的补贴，政策扶持力度不够，且 2010 年以后的可再生能源电厂享受的补贴逐年递减 2%。

二、中国生物质发电产业的发展趋势

在利用生物质发电的过程中既有着制约的因素，同时还存在一定的优势，相比煤电和水电等常用的能源的物价，生物质发电的价格存在一定的差异性，并且缺乏一定的竞争力。针对这一现象，政府部门通过电价补贴的方式促进生物质发电的发展，并且利用大力投资生物质发电的方式，能够促使更多的研究人员投入到对生物发电技术的研究中，同时随着相关产业政策的不断落实和完善，让生物质的发展能够快速进入迅速发展的新时期。开发生物质发电的技术不仅能减轻日常生活和工作中对化石等能源的依赖，同时也减轻了农民燃烧废气秸秆造成环境污染的现象，使其能够做到保护环境、节约能源两不误，由此可见该生物发电技术有着十分广阔的发展前景。另外由于生物质发电技术主要是以直接燃烧资源为主，并且相关的资源和电力设备都比较分散，这就使得专用锅炉的应用和研究更为广泛，带动了该行业的发展。

为了支撑中国经济增长的持续发展，中国将增加电力装机容量，扩大电力生产。据专家预测，到 2050 年，中国可再生能源供应量将达到 31.7 亿 t 标准煤，一次能源消费总量 60.0 亿 t 标准煤。2013—2050 年，可再生能源供应增加 28.4 亿 t 标准煤，年均增长 6.3%，高于同期一次能源消费量年均 1.4% 的增长速度。可再生能源占中国一次能源消费的比重，从 2013 年的 8.9% 增加到 2050 年的 54.7%。考虑核电，中国清洁能源消费总量约 40 亿 t 标准煤，占中国一次能源消费总量的 67.0%。中国煤炭、石油、天然气等化石能源消费总量为 20 亿 t 标准煤，为 2013 年消费量的 60.0%。2013—2050 年，可再生能源供应量与中国一次能源消费的增长总量基本相当。随着技术进步、标准提高、高污染用能的逐步减少，在温室气体减排方面，按照上述清洁能源发展规模，2020 年中国每年将减排 CO_2 18 亿 t，2030 年 36 亿 t，2050 年 80 亿 t。到 2050 年，中国各类大气污染物排放量只有目前的 18%～25%，减少的 CO_2 年排放量约相当于目前中国 CO_2 年排放量的 1.4 倍。

思考题

1.1　生物质资源的具体形式有哪些？

1.2　简述生物质能的特点。

1.3　生物质发电形式主要有哪几种？它们分别有什么特点？

1.4　分析中国开发生物质能的意义。

1.5　简述中国生物质发电产业存在的问题。

第二章　生物质燃烧发电系统及技术经济性评价

生物质燃烧发电原理上与燃煤发电十分相似。生物质燃烧发电系统由原料收集与输运系统、预处理系统、储存与给料系统、生物质燃烧系统（技术）、热利用系统和烟气处理系统组成。

第一节　生物质燃烧发电系统

生物质燃烧发电厂流程如图 2-1 所示，生物质原料从附近的各个收集点运送至电厂，经预处理（破碎、分选、压实）后存放到原料储存仓库，仓库容积需保证 5 天以上的燃料量；然后由输送装置将预处理后的生物质送入锅炉燃烧，经锅炉加热后的高温蒸汽在汽轮机中膨胀做功，其蒸汽发电部分与常规燃煤发电厂的蒸汽发电部分基本相同；生物质燃烧后的灰渣落入除灰装置，由输灰机送到灰坑，进行灰渣处置；烟气经处理后由烟囱排入大气中。

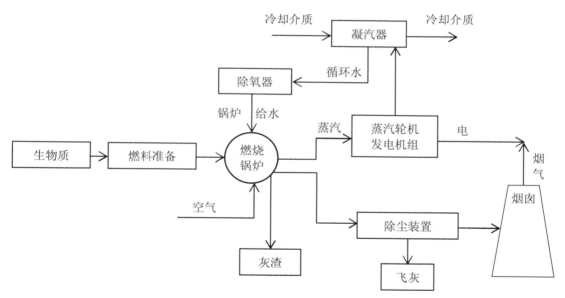

图 2-1　生物质燃烧发电厂流程

一、原料收集与输运系统

在中国广大农村，土地实行以农民家庭为单位承包经营，每家 3~5 亩不等，各家各户相对独立，种植农作物种类多样、自由，统筹性差，资源相对分散，这给燃料厂大规模机械化的秸秆收集造成巨大困难。同时，在秸秆买卖时，面临利益分配难、易发生纠纷等问题，这都给生物质发电企业大规模收集秸秆带来不便。此外，生物质原料密度小，运输过程中需要较大的装载容积，随着收集半径的增大，运输费用也会增加，这就会导致电厂燃料成本的增大。据以往生物质电厂运行情况来看，当燃料收集半径从 30km 增加到 50km 时，生物质发电厂的盈利能力将降低 20%～30%。从运营实践来看，生物质燃料经济运输距离不宜超过 50km。

为保证生物质电厂燃料的持续供应，需要统筹建立专用的原料供应系统。燃料的储存仓容积需要要保证 5 天以上的燃料量。燃料系统通常有两个储存堆，一个为正在使用的储存堆，另一个为容量相当于 60 天燃料供应量的露天堆，同时需要考虑堆放过程中可能散发气味、湿度波动和自燃等问题。此外，生物质原料中水分变化大、能量密度低，需要对农林废弃物进行预处理，以增加其能源密度，减少收集、运输和储存的成本，并满足不同燃烧系统的要求。

二、预处理系统

用于生物质电厂燃烧发电的生物质原料种类繁多，且一般生物质原料中水分含量较高。如广西地区以桉树皮为主要原料的生物质电厂，原料含水量高达到 60%，低位热值在 1500kcal/kg 左右，这对锅炉的正常燃烧形成较大挑战。此外，生物质原料的存储对水分的要求也比较高，一般水分不得高于 15%。水分过高会造成微生物生长过快而产生高温导致自燃。因此，有必要对作为燃料的生物质进行预处理来保证燃烧发电的正常进行。

1. 干燥预处理

收集到的枯秆等生物质燃料多采取自然风干法进行储存。但在气温较低或湿度较大的阴雨天采取此储存方法，燃料含水量很难降低到理想值；在燃料收购旺季，大量的生物质燃料被露天堆放，即使在收购时生物质燃料含水率较低，但由于长期受风吹雨淋，其含水率也很难保证在理想值。因此，在生物质燃料入炉燃烧前，需要对燃料进行干燥处理。一般有人工翻晒、机器烘干两种方式，人工翻晒是指通过人力的方式，定期对燃料进行翻晒，这种方式简单易行，但存在劳动强度大等问题；机器烘干在烘干生产线上流水完成，生产线一般由热风炉、单层或多层滚筒烘干设备、风管、气流或旋流干燥器、输料系统等设备组成，能连续作业，烘干量大，但设备运转维持需要消耗能量。

2. 生物质压缩成型

生物质压缩成型是指将具有一定粒度的农林废弃物，如锯末、稻壳、树枝、秸秆等，干燥后在一定的压力作用下（加热或不加热），连续压制成棒状、粒状、块状等高密度燃料。这样一方面可提高燃料的单位热值，另一方面可大大减少燃料储存所需要的场地。

一般生物压缩成型主要是利用木质素的胶黏作用。农林废弃物主要由纤维素、半纤维素和木质素组成，木质素为光合作用形成的天然聚合体，具有复杂的三维结构，是高分子物质，在植物中含量约为 15%～30%。当温度达到 70～100℃，木质素开始软化，并有一定的黏度。当达到 200～300℃时，呈熔融状，黏度变高。此时若施加一定的外力，可使它与纤维素紧密粘结，使植物体积大量减少，密度显著增加，取消外力后，由于非弹性的纤维分子间的相互缠绕，其仍能保持给定形状，冷却后强度进一步增加，成为燃料。生物质压缩成型技术发展至今，已开发了许多成型工艺和成型机械。根据压缩力的大小将农林废弃物压缩成型，分为高压压缩（大于 100MPa）、带加热的中等压力压缩（5～100MPa）和添加粘合剂的低压压缩（小于 5MPa）。

三、储存与给料系统

1. 燃料的储存

从国内外已投产的生物质发电厂来看，其燃料存储一般有以下两种模式。

（1）厂内和厂外联合储存。在厂内和厂外设置储存库，可加大燃料可收集半径及提升原料来源的广泛性。通过分布式库存网络的建立，能有效提高燃料供应的可靠性。但该模式会导致燃料组织的物流环节更加复杂，提高了场地的初投资和运行费用。该模式适用于燃料收集半径较大，厂内燃料场地较小的电厂。这也是目前国内生物质电厂燃料储存的主流模式。

（2）厂内储存。只在厂内设燃料储存点，燃料收集后直接运输进厂存储。其优点是燃料组织的物流环节简单，料场投资和运行费用较低；缺点是由于受场地限制，燃料的储存量较小，燃料供应的可靠性较低。这种方式适合于季节性不强、供应量相对稳定且能够常年持续收购的燃料。

2. 给料系统

生物质燃料的物理特征是造成给料难度较大的主要原因。目前生物质燃料根据不同的物理性质分为两类，一类为黄色燃料，主要由轻质的秸秆类燃料组成，例如一些甘蔗渣等；还有一类为灰色燃料，主要是硬质燃料，例如树皮等。由于两种燃料在体积等方面大有不同，燃烧的效果有很大差别，因此各自有适用的给料系统。目前的给料方式则是根据这两种不同属性的燃料划分。

（1）黄色燃料给料系统。生物质电厂所需的燃料量非常大，但黄色燃料一般体积大而密度小，因此燃料在运输前需要进行压缩打包，节省空间，尽可能减少资金投入。生物质燃料主要是通过抓斗起重机及链板输送机等设备运至炉内。生物质燃料在燃烧前需进行解包，解包一般有两种不同的方式，一种为炉前解包，主要是用专门的螺旋解包设备进行解包，另一种是将大包在运输过程中分解。

（2）灰色燃料给料系统。灰色燃料一般密度非常大，甚至已经接近煤炭这种不可再生资源的程度，因此在输送方面与传统的燃煤发电有着一定的共同之处，但并不完全相同。灰色燃料种类较多，树皮、木材废料等都可作为灰色燃料进行燃烧。灰色燃料的取料方式主要有两种，一种是通过装载机，一种是通过起重机。运输方式主要是由地下料斗配合链板输送至炉内。

（3）混合式给料系统。目前，对生物质电厂而言，单一种类燃料来源已普遍无法满足电厂的正常稳定运行。燃料日趋多样化、复杂化。因此，一般的生物质电厂在给料方式上将上述两种方式结合到一起，也就是将两种燃料混合上料。

四、生物质燃烧系统（技术）

生物质发电厂的关键设备主要指生物质燃烧系统（技术），而其他设备如汽轮机、发电机等，与相同规模的燃煤锅炉基本相同，能够实现设备国产化。目前开发适用于各种工业锅炉的生物质燃烧技术，是生物质能有效利用的重要途径。目前用于秸秆发电的燃烧技术主要有炉排燃烧技术和循环流化床燃烧技术。

1. 炉排燃烧技术

传统的层燃技术是指生物质燃料铺在炉排上形成层状，与一次配风相混合，逐步地进行干燥、热解、燃烧及还原过程，可燃气体与二次配风在炉排上方的空间充分混合燃烧，可分为炉排式和下饲式。

（1）炉排式：炉排形式种类较多，包括固定床、移动炉排、旋转炉排和振动炉排等，可适于含水率较高、颗粒尺寸变化较大以及水分含量较高的生物质燃料，具有较低的投资和操作成本，一般额定功率小于 20MW。在丹麦，开发了一种专门燃烧已经打捆秸秆的燃烧炉，采用液压式活塞将大捆的秸秆通过输送通道连续地输送至水冷的移动炉排。由于秸秆的灰熔点较低，通过水冷炉墙或烟气循环的方式来控制燃烧室的温度，使其不超过 900℃。国内生活垃圾发电厂几乎都采用这种炉型燃烧。

传统的炉床燃烧技术具有燃料分布不均匀，空气容易短路，燃烧效率低等缺点。丹麦 BWE 公司开发的水冷式振动炉床燃烧技术，采用振动炉排，降低了秸秆在炉排上分布的不均匀性。秸秆燃烧后灰量较小，采用水冷可以保护炉排不被烧坏；尾部的过热器采用多级并在竖直烟道中分开布置的方式，可以有效降低碱金属等对受热面的腐蚀。BWE 公司的秸秆发电技术已应用在丹麦、瑞典、芬兰、西班牙等国的秸秆电站。中国也有多个生物质发电项目使用 BWE 公司技术。以丹麦为代表的秸秆直接燃烧技术也存在一些局限性。首先，从燃烧角度看，振动炉排锅炉是典型的层燃燃烧，适合于燃烧单一稳定的燃料，在燃料适应性方面的潜力有限，燃料品种、燃料物理性质、燃烧性质方面的一些变动，就可能造成锅炉工作效率下降甚至危害正常运行。其次，秸秆作为燃料的特殊性突出体现在碱金属和氯引发的受热面沉积、结渣和高温腐蚀等方面，秸秆燃烧过程中表现出来的严重碱金属问题是限制其进一步发展的重要因素。

（2）下饲式：作为一种简单廉价的技术，广泛应用于中、小型系统，燃料通过螺旋给料器从下部送至燃烧室，简单、易于操作控制，适用于含灰量较低和颗粒尺寸较小的生物质燃料。

2. 流化床燃烧技术

20 世纪 80 年代初兴起的循环流化床燃烧技术，具有燃烧效率高、有害气体排放易控制、热容量大等一系列优点。流化床锅炉适合燃用各种水分大、热值低的生物质，具有较广的燃料适应性；燃烧生物质流化床锅炉是大规模高效利用生物废料最有前途的技术之一。根据生物质原料的不同特点，分为鼓泡流化床技术（BFB）和循环流化床技术（CFB）。

循环流化床燃烧技术十分适合用于秸秆的燃烧。循环流化床锅炉一般由炉膛、高温旋风分离器、返料器、换热器等几部分组成。流化床密相区的床料温度在 800℃左右，热容量较高，即使秸秆的水分高达 50%～60%，进入炉膛后也能稳定燃烧，密相区内燃料与空气接触良好，扰动剧烈，燃烧效率较高。流化床燃烧技术具有部分均匀，燃料与空气接触良好，SO_x、NO_x 排放少等优点，适合燃烧水分高、热值低的特殊秸秆。目前秸秆的流化床燃烧技术已经工业化，美国爱达荷能源产品公司已经产出燃烧秸秆的生物质流化床锅炉，蒸汽出力为 4.5～50t/h。芬兰的 Forum 工程有限公司对流化床燃烧生物质进行了长期的研究，专门针对高碱生物质燃烧设计了多台鼓泡流化床锅炉。在国内，哈尔滨工业大学研究并开发的流化床锅炉先后安装在泰国、马来西亚等地；浙江大学针对秸秆燃烧灰熔点低、易结渣等特点进行研究，不断改进循环流化床燃烧技术，该研究采用特殊分配及组织方式，保证秸秆的流化燃烧和顺畅排渣，并优化受热面布置，降低碱金属的腐蚀，解决了一系列的难题，目前已处于工业化推广阶段。2005年，浙江大学和中节能（宿迁）生物质能发电有限公司在江苏宿迁联合实施了秸秆燃烧的工程示范项目，设计装机容量 24MW，每年可节约标准煤 10 万 t，年消纳农林废弃物 26 万 t，发电 1.56 亿 kWh，每年可增加当地农民收入 6000 多万元。该项目是中国首个拥有完全自主知识产权的生物质直燃发电示范项目，同时也是世界上第一台以秸秆、稻为单一燃料的循环流化床锅炉。该项目设计燃烧为麦秆和稻秆，但实际运行中可能掺烧棉花秆、玉米秆、杨树枝条等。通过精心的设计，该燃烧技术利用流态化低温动力燃烧的特点，最大限度抑制了高碱的秸秆在燃烧中的各种碱金属问题，同时利用高效的物料循环实现了高效的燃烧。得益于流态化燃烧的特性，锅炉对于入炉燃烧的品种、水分含量、预处理程度的变化有很强的适应能力，可以最大限度地适应中国生物质燃料供应的实际情况。

2015 年，理昂生态能源股份有限公司投资的湖南澧县生物质电厂（2×15MW，分批立项和建设），占地 200 亩，投资总额 1.9 亿元，主设备采用中国第一代具有自主知识产权的中温次高压循环流化床技术，一、二期达产后年处理生物质 28 万 t，发电 2.2 亿 kWh，满足澧县居民全年用电量，节省 10 万 t 标准煤，增加农民收入 8900 万元，减少 18 万 tCO$_2$ 排放，有利于调整能源结构，减缓温室效应，保护生态环境，增加农民收入，社会和经济效益显著。

与常规燃烧方式相比，循环流化床锅炉燃烧技术具有以下优点：

（1）燃料适应性广。由于循环流化床锅炉的入炉燃料一般仅占总床料的 1%～3%，而且其燃烧室特殊的流体动力特性，使燃料在进入炉膛后很快与大量的炽热床料混合并被迅速加热着火，而床层温度并没有明显降低。因此，循环流化床锅炉不仅可以燃用烟煤、褐煤、贫煤、无烟煤等常规燃料，还可以燃用常规锅炉不能适应的煤矸石、泥煤、石油焦、油页岩、废旧轮胎、垃圾等劣质燃料，对于水分含量很高而发热量偏低且不稳定的农林生物质燃料也可以很好地燃烧。

（2）燃烧效率高。燃烧室内流体湍流流动剧烈，炉膛内不存在明显的界面，燃烧区域气固混合良好，燃烧速率高，且绝大部分未燃颗粒通过颗粒分离设备被回送至炉膛内反复循环燃烧。因此，循环流化床锅炉有较高的燃烧效率，通常可达 97.5%～99.5%，高于鼓泡流化床锅炉，堪与煤粉炉媲美。

（3）高效脱硫、低 NO$_x$ 排放。循环流化床锅炉运行温度通常在 850～930℃，这是一个理想的脱硫燃烧温度，可以通过在燃烧过程中添加脱硫剂方便地实现炉内脱硫。而且，由于脱硫剂可以在炉内反复循环利用，循环流化床锅炉的脱硫具有较高效率。在 Ca、S 摩尔比为 1.5～2.5 时，脱硫效率可达 90%左右（取决于煤种及其含硫量），SO$_2$ 的排放量大大降低。另外，循环流化床锅炉较低的运行温度和分级送风燃烧方式也使得其 NO$_x$ 的排放浓度很低，只有同容量煤粉炉的 1/3～1/4。

（4）燃烧强度高，炉膛截面积小。循环流化锅炉的截面热负荷为 3.5～4.5MW/m^2，接近或高于煤粉炉。同样热负荷下鼓泡流化床锅炉需要的炉膛截面积要比循环流化床锅炉大 2～3 倍。

（5）燃烧稳定，负荷调节范围大，速率快。循环流化床锅炉的炉床是个大热池，且炉膛内有大量的循环物料呈流动燃烧状态，锅炉自身的热容量大，不会出现在运行中突然熄火的情况，燃烧稳定；当负荷变化时，只需调节燃料供给量和空气量，不必像鼓泡流化床锅炉那样采用分床压火技术，因此负荷调节范围大。循环流化床锅炉负荷调节比可达 3:1，不投油最低稳燃负荷可以达到 30%，甚至更低。此外，由于炉膛截面风速高和吸热控制容易，循环流化床锅炉的负荷调节速率也很快，特别适用于调峰机组。

（6）节约水资源，易于实现资源综合利用。循环流化床锅炉可以通过将石灰石粉直接送入炉内燃烧的方式达到一定的烟气脱硫效果。无需像煤粉，如常用烟气湿法脱硫后用大量宝贵的水资源。另外，由于循环流化床的锅炉燃料在燃烧室中强烈混合，多次循环，因此燃烧效率高，灰渣含碳量低，易于实现灰渣综合利用。

（7）投资与运行成本较低。目前，循环流化床锅炉的投资和运行费用略高于常规煤粉炉，但比配置脱硫、脱硝装置的煤粉炉低。国外研究结果表明，在无需装设烟气脱硫（FGD）装置时，煤粉炉要比循环流化床锅炉费用低 5%～10%，而需要 FGD 装置时，则煤粉炉要比循环流化床锅炉费用高 15%～30%。另外，由于循环流化床锅炉可以燃用劣质燃料，燃料成本相应也比煤粉炉低。

五、热利用系统

生物质燃烧热利用方式有生物质发电和热电联产两种方式。

1. 生物质发电

生物质在锅炉中直接燃烧，生产蒸汽带动蒸汽轮机及发电机发电。中国生物质能发电产业体系已基本形成，无论是农林生物质发电，还是垃圾焚烧发电，规模均居世界首位。但投运项目绝大多数都是仅发电不供热。截至 2016 年底，全国已投产生物质发电项目 665 个，并网装机容量 1224.8 万 kW，年发电量 634.1 亿 kWh，年上网电量 542.8 亿 kWh。其中，农林生物质发电项目 254 个，并网装机容量 646.3 万 kW，年发电量 326.7 亿 kWh，年上网电量 298.5 亿 kWh。垃圾焚烧发电项目 273 个（按核准统计），并网装机容量 548.8 万千瓦，年发电量 292.8 亿 kWh，年上网电量 236.2 亿 kWh。

2. 热电联产

热电联产（简称 CHP），是利用发电站同时产生电力和有用的热量。对于生物质热电联产电厂而言，一方面可以向电网供应清洁电力，另一方面可向当地居民供应热能（如生活热水、取暖热水等）。该技术在欧美一些国家已使用较为广泛，也在近年得到了中国的高度重视。2018 年 1 月 19 日国家能源局下发《关于开展"百个城镇"生物质热电联产县域清洁供热示范项目建设的通知》（以下简称《通知》）。《通知》指出"百个城镇"生物质热电联产县域清洁供热示范项目建设的主要目的是，建立生物质热电联产县域清洁供热模式，构建就地收集原料、就地加工转化、就地消费的分布式清洁供热生产和消费体系，为治理县域散煤开辟新路子；形成 100 个以上生物质热电联产清洁供热为主的县城、乡镇，以及一批中小工业园区，达到一定规模替代燃煤的能力；为探索生物质发电全面转向热电联产、完善生物质热电联产政策措施提供依据。《通知》显示，示范项目共 136 个，装机容量 380 万 kW，年消耗农林废弃物和城镇生活垃圾约 3600 万 t。其中，农林生物质热电联产项目 126 个、城镇生活垃圾焚烧热电联产项目 8 个、沼气热电联产项目 2 个，新建项目 119 个，技术改造项目 17 个，总投资约 406 亿元。这将对生物质热电联产电厂的建设产生积极的促进作用。

六、烟气处理系统

目前，依据生物质烟气处理过程中是否应用水或有机溶剂等液相分为干法技术和湿法技术。

1. 干法烟气技术

干法烟气处理技术主要是基于烟气中污染物成分之间的物理性质的不同，如基于惯性力不同的旋风分离器，基于带电性差异的静电除尘器，基于粒径不同的袋式除尘器等。

（1）旋风分离器。旋风分离器是一种常见的气固分离设备，在诸多工业领域中十分普遍。此外，该设备也广泛地应用于生物质烟气处理系统，作为烟气的初步处理，以降低后续处理工序的负荷。相关研究表明，常温下，旋风分离器可有效除掉烟气中粒径大于 10mm 的颗粒，在高温高压的条件下，甚至能去除粒径为 2～3mm 的颗粒，使旋风分离器在应用上更加经济。旋风分离器的结构工作原理是：靠烟气流切向进入进气管造成的旋转运动，使具有较大惯性离心力的固体颗粒甩向外壁面，沿筒壁下落流出旋风管，从排灰管排出，旋转的烟气流在筒体内收缩向中心流动，向上形成二次涡流经排气管排出。高效率的旋风分离器对 5mm 的颗粒的分离效率可达 79%以上，但随颗粒粒径的减小，分离效率下降剧烈。

（2）静电除尘器。静电除尘器利用高压电场使烟气发生电离，烟气流中的污染颗粒荷电在电场作用下与烟气分离。静电除尘器的负极（即放电电极）由不同断面形状的金属导线制成。正极（即集尘电极）由不同几何形状的金属板制成。静电除尘器的性能受颗粒性质、设备构造和烟气流速等三个因素的影响。静电除尘器与其他除尘设备相比，耗能少，除尘效率高，适用于除去烟气中 0.01～50m 的污染性颗粒，且可用于温度高、压力大的场合。实践表明，处理的烟气量越大，使用静电除尘器的投资和运行费用越经济。但静电除尘器不适用于含氯高的烟气，这是因为此种烟气产生的颗粒粒度较细，电阻率较高，从而降低了除尘效率。尤其是燃烧不经过处理的生物质原料，上述问题会更加严重。

（3）袋式除尘器。近年来，随着烟气排放标准的提高，涌现了诸多高效率的除尘设备，袋式除尘器便是其中的一种。袋式除尘器适用于捕集细小、干燥、非纤维性粉尘。滤袋采用纺织的滤布或非纺织的毡制成，利用纤维织物的过滤作用对含尘烟气进行过滤，当含尘烟气进入袋式除尘器后，颗粒大、比重大的粉尘，由于重力的作用沉降下来，落入灰斗，含有较细小粉尘的气体在通过滤料时，粉尘被阻留，使气体得到净化。袋式除尘器的分离效率较高，此外该技术还可用于脱除烟气中其他污染性的气体，如 SO_2，HCl 等。但袋式除尘器要求所需处理的烟气必须干燥，否则脱除效率将大大降低。

2. 湿法烟气技术

湿法烟气处理方法主要基于烟气中的污染性颗粒或组分可溶于水或有机溶剂的性质，使烟气与吸收剂紧密接触，将污染性颗粒或组分从烟气脱离出来。该方法的处理效率高，适用于各种污染性颗粒或组分，尤其适宜处理高温、易燃、易爆的烟气。但对管道和设备的防腐性要求高，处理后的烟气抬升高度减小，吸收液的回收利用困难。常用的生物质直燃烟气的处理装置有洗涤塔、湿式电除尘器等。

第二节　生物质燃烧发电项目的经济性评价

从成本管理的角度出发，生物质燃烧发电项目成本包括电厂设计、建造、运行、废弃处置等过程中的成本。广义的项目生命周期成本不仅包括上述生产者及其相关联方发生的成本，而且包括消费者购入后所发生的使用成本、废弃成本和处置等成本。如果从更广义的角度来看产品的全生命周期成本，包括社会责任成本。社会责任成本并不是一种单一成本，它是贯穿在产品生产、使用、处理和回收等过程中的成本，主要是环境卫生、污染处理等所发生的成本支出。传统意义上的产品成本的概念通常指的是制造成本，现代意义上的产品生命周期成本应该是属于企业战略成本的一部分，应该具有长期性并且以保持竞争优势为目的。

一、经济性评价方法

生命周期成本法（Life Cycle Costing ，LCC）源于 20 世纪 60 年代美国国防部对军工产品的成本计算。随着价值工程、成本企划等先进管理模式的诞生，生命周期成本法在成本管理中越来越多地被运用，它可以满足企业定价决策、新产品开发决策、战略成本管理、业绩评价等的需要。在某地建造生物质电厂是否经济可行，我们可采用 LCC 来进行具体评价。通过评价，来改善生物质发电各环节消减能源、原材料使用以及环境释放的需求与机会。这种分析包括定量和定性的改进措施，例如提升生物质发电技术，改变入炉原材料热值以及废弃物管理等。为了每个功能单位的经济性得到改善，产品和过程的投入以及对环境的产出都要评价。能否得到改善，要依赖于清单分析、影响评价或二者的结合。改善的机会也应该被评价以确保它们不产生额外的影响而削弱提高的机会。SETAC（1993）建议改善评价分三个步骤完成，即识别改进的可能性、方案选择和可行性评价。在进行分析时，还必须包括敏感性分析和不确定性分析的内容。总体来说，目前清单分析的理论和方法相对比较成熟，影响评价的理论和方法正处于研究探索阶段，而改善评价的理论和方法目前研究较少。

二、生物质直接燃烧发电工程经济性分析

敏感性分析是投资项目的经济评价中常用的一种研究不确定性的方法。它在确定性分析的基础上，进一步分析不确定性因素对投资项目的最终经济效果指标的影响及影响程度。在进行敏感性分析时，并不需要对所有的不确定因素都考虑和计算，而应视方案的具体情况选取几个变化可能性较大，并对经济效益目标值影响作用较大的因素。例如：产品原料价格、产品售价变动、产量规模变动、投资额变化等这些都会对方案的经济效益大小产生影响。若进行单因素敏感性分析时，则要在固定其他因素的条件下，变动其中一个不确定因素；然后，再变动另一个因素（仍然保持其他因素不变），以此求出某个不确定因素本身对方案效益指标目标值的影响程度。

以国内某 24MW 秸秆直接燃烧发电工厂为例进行经济效益分析。该生物质发电厂采用 2 台 75t/h 高温高压锅炉，配 2 台 12MW 汽轮发电机组，工程静态总投资为 2.93 亿元，静态单位投资为 12208 元,该发电厂运行时间按 5000h 计算,年发电量为 1.2 亿 kWh,发电成本为 0.457 元/kWh。年生产成本总计 5962 万元。其中燃料按 190 元/t 计算共 2280 万元（占 38%），折旧费为 1794 万元（占 30%），人工成本为 762 万元（占 13%），运行维护费 1126 万元（19%）。据此考虑生物质电厂工程静态单位投资、燃料价格、年运行时长及生物质发电上网电价等因素，开展其对项目总投资收益率影响的敏感性分析。

1. 生物质电厂工程静态单位投资的影响

当该发电厂年运行时长为 5000h、上网电价按 0.56 元/kWh，生物质燃料价格为 190 元/t 时，以生物质电厂工程静态单位投资为变量，可以得出其对项目总投资收益率影响的关系曲线，如图 2-2 所示。可以看出，随着静态单位投资即设备生产成本等的逐年下降，项目总投资收益率也将逐年上升。这表明，未来随着生物质发电成套设备的国产化及成本的降低，生物质发电厂盈利能力将得到进一步提升。

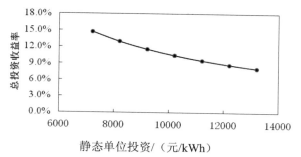

图 2-2　静态单位投资对项目总投资收益率影响的关系曲线

2. 燃料价格的影响

当该发电厂静态单位投资为 12208 元，年运行时长为 5000h、上网电价按 0.56 元/kWh，以生物质燃料价格为变量，可以得出其对项目总投资收益率影响的关系曲线，如图 2-3 所示。可以看出，随着燃料价格的下降，生物质发电厂运行期间投入也将降低，则项目总投资收益率将上升。因此，在生物质原料来源上应拓宽渠道，控制好收购成本，从而提高电厂效益。

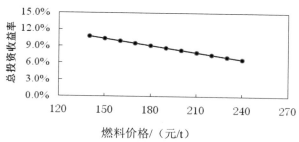

图 2-3　燃料价格对项目总投资收益率影响的关系曲线

3. 生物质发电厂年可运行时长的影响

当该发电厂静态单位投资为 12208 元、上网电价按 0.56 元/kWh，生物质燃料价格为 190 元/t 时，以生物质发电厂年发电时长为变量，可以得出其对项目总投资收益率影响的关系曲线，如图 2-4 所示。可以看出，随着年发电时长的增长，项目总投资收益率也将上升。这表明，生物质发电厂要想提高效益，一方面应加强日常检修力度，提高电厂的年可运行天数；另一方面，应拓宽生物质燃料来源渠道，以保障电厂正常运行所需燃料。

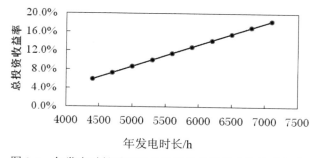

图 2-4　年发电时长对项目总投资收益率影响的关系曲线

4. 生物质发电上网电价的影响

当该发电厂静态单位投资为 12208 元、年运行时长为 5000h，生物质燃料价格为 190 元/t 时，以上网电价为变量，可以得出其对项目总投资收益率影响的关系曲线，如图 2-5 所示。可以看出，随着年上网电价的降低，项目总投资收益率也将降低。目前生物质电厂实行的是一厂一议价，随着未来更多企业的进入，生物质电厂与地方政府的议价地位将下降，因此，上网电价可能进一步降低。生物质发电厂要想保持较高效益，一方面应提高生产运营能力，进而提高电厂的年可运行天数；另一方面需要在降低成本上持续努力，从而提高企业的竞争力。

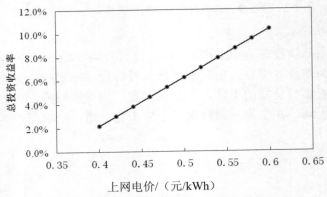

图 2-5   上网电价对项目总投资收益率影响的关系曲线

三、生物质燃烧发电技术经济指标及存在的问题

根据国内外完成的生物质直接燃烧发电厂的建设情况，生物质直接燃烧发电厂的技术经济指标和电厂的规模关系很大。对于较大规模（大于 20MW）的直接燃烧发电厂，由于可采用高参数的发电设备，在原料价格较高时，这种电场经济效益尚好。但在规模相对较小时（小于 10MW），由于发电参数的限制，这种电厂的效率很低，总体的经济性较差。因此生物质直接燃烧发电比较适合于原料非常集中的地区，以便可以采用高参数发电设备的大规模电厂，同时必须有资金实力非常雄厚的投资者提供大量资金。

另外因为农林生物质燃料的特性，生物质发电厂也存在一些影响电厂经济性的因素：

1. 对生物质燃烧特性研究不足

与电厂用煤相比，生物质具有的水分和挥发分较高，灰分、热值、灰熔点较低等特点。如贵港理昂生物质发电公司直接燃用水分达 50%～60% 的废弃桉树皮。此外，常见的秸秆中碱金属含量较高，某些秸秆如稻草中的氯离子含量较高，增加了烟气对受热面的腐蚀速度。因此要加强对生物质燃烧特性的研究，在设计建造锅炉时需充分考虑各种不利因素的影响。

2. 生物质发电成套设备亟待改进

目前，用于生物质焚烧发电的锅炉及燃料输送系统的技术和设备大部分来自国外，因此，该问题成为制约发展生物质发电产业的关键因素。而生物质直接燃烧发电系统采用国外设备时单位投资很高，资金投入量要求很大，虽然效率较高，运行成本和综合发电成本却相对较低，投资回收期较长。国内生物质气化技术在 20 世纪 80 年代初期得到了发展，中国研制出了由固定床气化结合内燃机组的稻壳发电机组，形成了 200kW 稻壳气化发电机组的产品并得到推广。

90 年代中期，中科院广州能源研究所进行了流化床气化装置的研制，并与内燃机结合组成了流化床气化发电系统。哈尔滨工业大学、浙江大学等先后开发了适应国情特点的生物质燃烧发电成套设备。在生物质燃烧发电关键设备上，还亟待开展相关难题攻关。

3. 发电运营成本偏高

据国外生物质发电厂运行实际和国内权威部门测算，生物质发电成本远高于常规能源发电成本，约为煤电的 1.5 倍。成本高的原因有：①初期投入高，生物质发电投入成本为 8000~10000 元/kW 左右，而常规火电投资仅为 6000 元/kW 左右；②机组热效率低于常规火电，现在新建的常规火电机组容量一般都在 300MW 以上，而目前全国单机及总装机容量最大的生物质发电项目——广东省粤电集团湛江生物质发电项目装机规模也仅为 2×50MW；③燃料成本较高，由于生物质秸秆燃料发热量大大低于煤炭，且密度小，巨大的运输成本会导致燃料成本偏高。

第三节　生物质发电参与清洁发展机制

清洁发展机制（CDM）是《联合国气候变化框架公约》第三次缔约方大会 COP3（京都会议）通过的附件 I：缔约方在境外实现部分减排承诺的一种履约机制。其核心内容是允许发达国家和发展中国家合作，减排项目在发展中国家实施，发达国家通过 CDM 减排项目产生的部分或全部碳减排量来履行本国的温室气体减排责任和义务，发展中国家通过该项目可以获得额外的资金和先进的技术，从而促进本国经济的可持续发展。项目参与 CDM 的基本程序如图 2-6 所示。

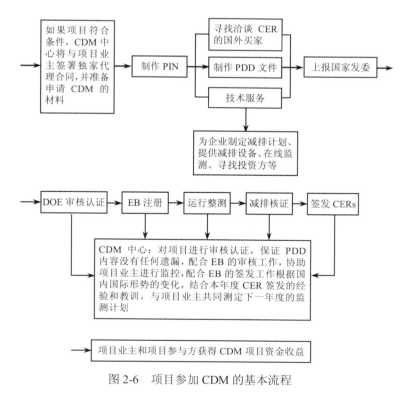

图 2-6　项目参加 CDM 的基本流程

生物质发电作为一种洁净新能源，可通过参与 CDM 项目获得额外的资金和技术支持。2005 年 5 月 23 日，印度成功注册全球第一个生物质发电 CDM 项目。在中国，生物质电厂成功获批 CDM 项目的新闻报道有：2007 年 1 月，国能生物发电有限公司与丹麦外交部正式签署二氧化碳减排贸易协议，丹麦外交部将购买国能单县项目自 2007 年到 2012 年的二氧化碳减排指标共计 63 万 t，金额约 5000 万元。签字仪式上，丹麦外交部先期交付了总合同金额的 10%，即 500 万元人民币，这使得中国生物质发电领域参与 CDM 项目首开先河。2010 年 10 月，湖北监利凯迪生物质能发电厂成功注册联合国 CDM 机制，其 CDM 项目年减排二氧化碳约 12 万 t（不含供热），每年可为电厂带来额外收入约 1000 万元人民币。2011 年 1 月，凯迪电力全资子公司宿迁市凯迪绿色能源开发有限公司 CDM 项目在联合国成功注册，减排期为 2011 年 1 月 11 日到 2018 年 1 月 10 日。在履行相关程序后，2012 年获得了 CDM 签发款项。2012 年 10 月，华能长春生物质电厂 CDM 项目在联合国 EB 注册成功。2014 年 1 月，大唐集团下属河南邓州生物质热电联产 CDM 项目成功获得联合国签发。总的来说，生物质发电项目因燃料量大，全过程计量控制难度大、要求高，其参与 CDM 项目的核证工作较风电、水电等其他新能源项目更为复杂，签发难度也更大。

思考题

2.1 生物质燃料收集、储运过程需要重点考虑哪些问题？

2.2 简述生物质燃料发电系统工艺流程过程。该发电过程与燃煤发电主要区别有哪些？

2.3 生物质发电生命周期成本评价范畴如何确定？其成本包括哪些方面？如何进行经济性评价分析？

2.4 简述目前国内外典型生物质发电技术的现状和优、缺点及存在的问题、未来发展趋势。

2.5 生物质发电项目参与 CDM 项目的全过程包含哪些步骤？关键是什么？

第三章 生物质及燃烧计算

第一节 生物质组成和结构

生物质的本质是一切直接或间接利用绿色植物进行光合作用而形成的有机质，能源来源为太阳能，有机质通过光合作用将太阳能转化成化学能储存在自身有机物内，这些有机质就成了我们所说的生物质。从物理本质上来剖析，生物质由可燃质、无机物和水组成，其中可燃质是生物质主要成分，包括纤维素、半纤维素和木质素。从化学元素本质来说，包含 C、H、O、S、N，灰分和水分。灰分是生物质中固体无机物的含量，主要由无机盐和氧化物组成。

一、可燃质

可燃质是生物质中实际被利用的部分，由各种复杂高分子有机化合物复合而成，可直接燃烧、热解、气化、发酵转化成我们所需要的能源形式。

1. 纤维素

纤维素是由葡萄糖组成的大分子多糖，有 8000～10000 个葡萄糖残基通过 β-1、4-糖苷键连接而成，化学通式为（$C_6H_{10}O_5$），结构式如图 3-1 所示，它是植物细胞壁的主要成分。纤维素是自然界中分布最广、含量最多的一种多糖，占植物界碳含量的 50%以上。一般木材中，纤维素的含量为 40%～50%，半纤维素为 10%～30%，还有 20%～30%木质素，棉花是自然界中纤维素含量最高的植物，达到 90%～98%。

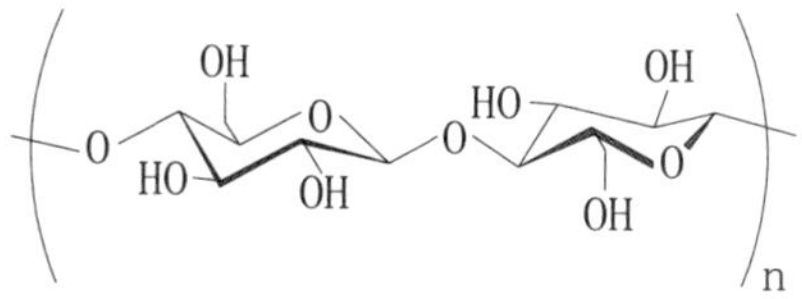

图 3-1 纤维素的结构式

2. 木质素

木质素是由四种醇单体（对香豆醇、松柏醇、5-羟基松柏醇、芥子醇）形成的一种复杂酚类聚合物。木质素是构成植物细胞壁的成分之一，具有使细胞相连的作用，在植物组织中具有增强细胞壁及黏合纤维的作用。木质素的组成与性质比较复杂，并具有极强的活性，不能被动物消化，在土壤中能转化成腐殖质。如果简单定义木质素的话，可以认为木质素是对羟基肉桂醇类的酶脱氢聚合物。它含有一定量的甲氧基，并有某些特性反应。木质素性质稳定，一般不溶于任何溶剂。碱木质素可溶于稀碱性或中性的极性溶剂中，木质素磺酸盐可溶于水。

木质素分为愈创木基结构、紫丁香基结构、对羟苯基结构三种基本结构，化学结构式如图 3-2 所示。木质素中，碳元素的含量高，故燃烧热值比较高，比如干燥无灰基的云杉盐酸木质素的燃烧热值为 110MJ/kg，硫磺木质素的燃烧热值为 109.6MJ/kg。一般来说，木材的燃烧热值普遍比草类木质素高。木质素经过高温热解可以得到木炭、焦油、木醋酸和挥发分。热解后的产品可以继续利用，木质素的热分解温度是 350～450℃，相对于纤维素热分解温度（280～290℃）来说，热稳定性高。

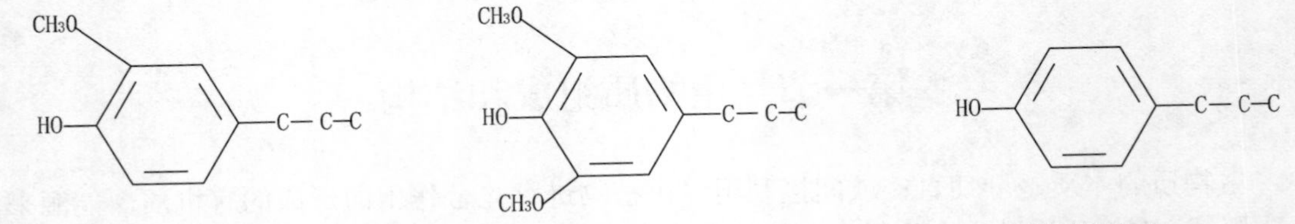

图 3-2　木质素的三种组成单元

3. 半纤维素

半纤维素是植物生物质中一个重要组成部分，它是多种糖的共聚物的总称。因为半纤维素的聚合物主链可以由同一种糖单元构成，也可以由多种糖单元构成，根据聚合物主链的组成，通常将半纤维素大致分为聚木糖类半纤维素、聚甘露糖类半纤维素和其他类半纤维素三大类。

半纤维素中绝大部分不溶于水，而可溶于水的也是呈胶体溶液。半纤维素的聚合度一般为 150～200，通常情况下，分离出来的半纤维素比天然状态的半纤维素溶解度高。

二、无机物

无机物是生物质必不可少的组成部分，对植物的生长起着重要作用。已证明有 16 种矿质元素为植物生长所必需（表 3-1），它们在植物体内以无机盐或者氧化物的形式（统称无机物）存在。其中 N、P、K、Mg、Zn、B、Mo 元素在植物体内可被再利用，植物缺乏这些元素时，这些元素会从老的部位转移到幼嫩部位，造成老叶缺素；而 Ca、S、Fe、Mn、Cu 是难移动元素，植物缺乏这些元素时，新生的组织首先表现出缺素症状。

表 3-1　植物体内矿质元素一览表

元素	存在形式	干重百分比/%	分类	缺少时明显症状
N	NO_3^-、NO_2^-、NH_4^+	1～3	大量元素	老叶发黄
P	$H_2PO_4^-$、HPO_2^-	0.2	大量元素	老叶发黄
K	K^+	1	大量元素	老叶死斑
S	SO_4^{2-}	0.1	大量元素	幼叶浅绿
Mg	Mg^{2+}	0.2	大量元素	缺绿
Ca	Ca^{2+}	0.5	大量元素	顶芽死亡
Fe	Fe^{2+}、Fe^{3+}	0.01	半微量元素	幼叶缺绿
B	BO_3^{3-}、$B_4O_7^{2-}$	0.002	微量元素	顶芽死亡，无法受精
Cu	Cu^{2+}	0.0006	微量元素	幼茎不能直立
Zn	Zn^{2+}	0.002	微量元素	小叶病
Mn	Mn^{2+}	0.005	微量元素	幼叶死斑、缺绿
Mo	MoO_4^{2-}	0.00001	微量元素	叶片扭曲、缺绿
Cl	Cl^-	0.001	微量元素	叶片加厚、缺绿

续表

元素	存在形式	干重百分比/%	分类	缺少时明显症状
Si	H_4SiO_4	0.1	大量元素	蒸腾加快生长受阻植株易倒、易被感染真菌
Na	Na^+	0.001	微量元素	黄化、坏死
Ni	Ni^+	0.0001	微量元素	叶尖处积累较多的脲，出现坏死现象

N 占植物干重 1%～3%，存在形式以无机氮为主（NO_3^-、NO_2^-、NH_4^+），少量存在于有机氮中，如尿素 $CO(NH_2)_2$ 和氨基酸等。N 是植物生命活动中很重要的矿质元素，是许多化合物的组分：①核酸，分为脱氧核糖核酸（DNA）和核糖核酸（RNA），N 元素是组成核酸的重要元素；②生物催化剂酶，也就是蛋白质，对植物代谢起着催化作用；③维生素、辅基、辅酶、激素，对植物酶活性的调节具有很大作用；④磷脂，是细胞膜骨架；⑤叶绿素，光敏素；⑥能量载体 ADP 和 ATP，是植物体内能量传递和承载的物质；⑦渗透物质脯氨酸和甜菜碱，对植物渗透作用吸收矿质元素具有重要意义。由于 N 是可移动元素，生物质缺 N 时，较老叶先变黄，有时在茎叶柄或老叶子上出现紫色，严重时，叶片脱落，植物矮小。

P 在植物体内约占干重0.2%，但是对生命活动起着重要作用，存在形式主要是 H_2PO_4 和 HPO_2^-。磷元素能提高植物对外界环境的适应能力，促进碳水化合物的合成，也是许多植物所必需的化合物组分：①遗传物质核酸；②磷酸辅基、辅酶（FAD、NAD、FMN、NADP）和维生素；③能量载体 ATD 和 ADP；④调节物质运输的物质如磷酸蔗糖；⑤细胞膜骨架磷脂。P 也是可移动元素，首先表现在老叶上，缺 P 对根系的发育不利，植株会停止生长，进而影响植物产量。

K 在植物体内约占干重 1%，呈离子态（K^+），主要作用是调节作用，功能主要有：调节气孔开闭；调节根系吸水和水分向上运输；渗透作用调节；调节酶的活性，如谷胱甘肽合成酶、琥珀酸 CoA 合成酶、淀粉合成酶、琥珀酸脱氢酶、果糖激酶、丙酮酸激酶等 60 多种酶；平衡电性的作用——在氧化磷酸化中，K^+、Ca^{2+}作为 H^+ 的对应离子，平衡 H^+ 的电荷；同时 K^+ 还能调节物质运输。因此，钾能促进光合作用、促进蛋白质合成，增强作物茎秆的坚韧性，增强作物抗倒伏和抗病虫能力，提高作物的抗旱和退寒能力。

经证实，碱金属对锅炉腐蚀聚团结渣有某种联系，因此分析生物质中碱金属元素的规律有利于提供锅炉运行的指导。

三、水分

生物质中水分分为游离态水和化合态水，水分对生物生长有至关重要的作用。水在生长着的植物体内含量最大，原生质含水量为 80%～90%，其中叶绿体和线粒体含 50%左右；液泡中则含 90%以上。组织或器官的含水量随木质化程度增加而减少，如瓜果的肉质部分含水量可超过 90%，幼嫩的叶子为 80%～90%，根为 70～95%，树干则平均为 50%，休眠芽约为 40%。含水量最少的是成熟的种子，一般仅为 10%～14%或更少。代谢旺盛的器官或组织含水量都很高。原生质只有在含水量足够高时，才能进行各种生理活动。各种生化反应都需以水为介质或溶剂来进行。水是光合作用的基本原料之一，它参加各种水解反应和呼吸作用中的多种反应。植物的生长，通常靠吸水使细胞伸长或膨大。膨压降低，生长就减缓或停止。如昙花一现，就是靠花瓣快速吸水膨大、张开；牵牛花清晨开放，日光曝晒后失水卷缩。某些植物分化出特殊的器官，水分进出造成膨压可逆地升降，使器官快速地运动。如水稻叶子在空气干旱、供水不足时，泡状细胞失水，使叶片卷成圆筒状，供水恢复后重新展开；气孔的运动是通过保卫细胞因水分情况变化而胀缩来实现的，从而调节水分散失速率，维持植株水分平衡。反之，有些器官只有失水时才能完成某些功能。如藤萝的果荚，只有干燥时才能爆裂，使其中的种子进出；蒲公英的种子成熟、失水后才能脱离母体，随风飘荡。

第二节　生物质物理和化学特性

一、生物质的物理特性

生物质的物理特性直接影响着生物质的利用，气味、堆积密度、流动特性、粒度、比热容、灰熔点、硬度、导热性影响着生物质的可利用程度、开发力度。

1. 气味

许多生物质燃料都带有浓重的气味，例如，桉树、樟树带有浓重的苦涩气味，这些气味对人一般是无毒的，但是不利于采集和存放。气味是安设存储物料仓库的一个指标。

2. 堆积密度

生物质材料堆积密度和一般单一的特定物质的真实密度不同，真实密度是指颗粒间间隙为零时计算的物质密度，例如水、铁、黄金的密度在特定的温度和压力下是固定不变的。堆积密度是指散粒材料或者粉状材料在自然堆积状态下单位体积的质量，反映了实际应用过程中单位体积物料的质量。计算公式为

$$\rho=m/v=m/(v_0+v_\rho+w)$$

式中 ρ 为物料的堆积密度，kg/m^3；v_0 为纯颗粒的体积，m^3；v_ρ 为颗粒内部空隙的体积，m^3；w 为颗粒间空隙的体积，m^3。

根据生物质燃料的堆积密度资料可知生物质燃料堆积密度小。对颗粒形态燃料而言，煤的堆积密度为 $800\sim1000kg/m^3$，生物质燃料中木材、木炭、棉秸等所谓"硬柴"的堆积密度为 $200\sim350kg/m^3$ 之间，农作物秸秆等"软柴"的堆积密度比木材等硬材更低。例如，已切碎的农作物秸秆的堆积密度是 $0\sim120kg/m^3$，锯末的堆积密度为 $240kg/m^3$，木屑的堆积密度为 $320kg/m^3$。由于生物质堆积密度小，在原料的收集、存储和燃料燃烧设备运行方面都比煤困难。

3. 流动特性

颗粒物料的流动特性由自然堆积角和滑动角来决定。流动特性是设计除尘器灰斗的锥度、粉尘管路或输灰管路或输灰管路斜度的重要依据。

自然堆积角是指物料自然堆积时形成的锥体地面和母线的夹角。自然堆积角和流动特性存在一定的关系，流动性好的物料颗粒在很小的坡度时就会滚落，只能形成"矮胖"的锥体，此时自然堆积角很小；反之，流动性不好的物料会形成很高的锥体，自然堆积角很大。表 3-2 为常见颗粒物料的自然堆积角。

表 3-2　常见颗粒物料的自然堆积角度

物料名称	风干锯末	玉米	新木屑	谷物
堆积角	40°	35°	50°	24°

滑动角是指有颗粒的物料的平板逐渐切斜，当颗粒物物料开始滑动时的最小倾角（平板与水平面的夹角 α），滑动角的大小反映出物料颗粒的黏性和摩擦性能，黏性大和摩擦系数越

大，滑动角就越大。在设计物料漏斗或灰尘漏斗的时候必须结合物料的滑动角，例如料斗设计成圆锥状，锥顶的角度小于 $180°-2\alpha$。

4. 粒度和形状

粒度是指颗粒的大小，球体颗粒的粒度通常用直径表示，立方体颗粒的粒度用边长表示。对不规则的矿物颗粒，可将与矿物颗粒有相同行为的某一球体直径作为该颗粒的等效直径。实验室常用的测定物料粒度组成的方法有筛析法、水析法和显微镜法。①筛析法，用于测定 $250\mu m \sim 0.038mm$ 的物料粒度，实验室标准套筛的测定范围为 $6\mu m \sim 0.038mm$；②水析法，以颗粒在水中的沉降速度确定颗粒的粒度，用于测定小于 $0.074mm$ 物料的粒度；③显微镜法，能逐个测定颗粒的投影面积，以确定颗粒的粒度，光学显微镜的测定范围为 $150nm \sim 0.4\mu m$，电子显微镜的测定下限粒度可达 $0.001\mu m$ 或更小。常用的粒度分析仪有激光粒度分析仪、超声粒度分析仪、消光法光学沉积仪及 X 射线沉积仪等，通过粒度分析仪可以确定颗粒的大小。

颗粒形状是指一个颗粒的轮廓边界或表面上各点的图像及表面的细微结构，通常包括投影形状、均整度（即长、宽、厚之间的比例关系）、棱边状态（如圆棱、钝角棱及锯齿状棱等）、断面状况、外形轮廓（如曲面、平面等）、形状分布等。常用的定量描述参数如下：形状系数指颗粒形状与某种规整形状（如球形）不一致的程度，包括体积形状系数、表面形状系数与比表面积形状系数；形状指数是表征颗粒外形自身特征的参数，主要有三轴径之比（称为均整度）、长短径之比（称为长短度）、短径与厚度之比（称为扁平度）、长短度与扁平度之比（称为 Zingg 指数）。此外，颗粒外接立方体体积与颗粒体积之比称为体积充满度，颗粒投影面积与最小外接矩形面积之比称为面积充满度，与颗粒投影面积相同的圆的周长与颗粒投影轮廓周长之比称为圆形度。粗糙度是指颗粒实际表面积和将表面看成光滑时的表面积之比。颗粒的形状对粉料的流动性、充填性等粉料特性有较大影响。通常，用颚式破碎机、对辊破碎机及圆锥破碎机易得到多棱角颗粒，而用球磨机与筒磨机得到的颗粒更接近球形。用化学法或气相沉积法制备的超微颗粒也易接近球形。生物质的传热传质分析计算需要使用颗粒形状的各项指标。

生物质的粒度和形状会直接影响燃烧效率和燃尽时间，在实际的生产运行中必须通过干燥、粉碎、筛分等工序使得物料达到合适的粒度和形状大小，以便于快速高效地利用。

5. 比热容

比热容是单位质量的某种物质升高或降低单位温度所需的热量，单位是 J/（kg·K）或 J/（kg·℃）。干燥的木材比热容几乎和树种无关，但是与温度几乎成线性关系：$c_p = 1.112 + 0.00485t$。物料不同，比热容也存在差异，几种常见生物质的比热容见表 3-3。

表 3-3　几种生物质的比热容与温度的关系

生物质 ＼ 温度/℃ 比热容	20	30	40	50	60	70	80
玉米芯	1	1.04	1.081	1.123	1.145	1.167	1.189
稻壳	0.75	0.75	0.756	0.761	0.764	0.769	0.772
锯木屑	0.75	0.762	0.768	0.7772	0.781	0.79	0.811
杂树叶	0.68	0.7	0.718	0.73	0.742	0.748	0.75

6. 灰熔点

灰熔点是指固体燃料中的灰分达到一定温度以后，发生变形、软化和熔融时的温度。生物质的灰熔点用角锥法测定，将灰粉末制成的角锥在保持半还原性气氛的电路中加热，角锥尖端开始变圆或弯曲时的温度称为变形温度（DT），角锥尖端弯曲到和底盘接触或呈半球形时的温度称为软化温度（ST），角锥熔融至底盘上开始溶溢或平铺在底盘上显著熔融时的温度称为流动温度（FT）。原料灰熔点是影响气化操作的主要因素，灰熔点低的原料，气化温度不能维持太高，否则，由于灰渣的熔融、结块，各处阻力不一，影响气流均匀分布，易结疤发亮，而且由于熔融结块，会减少气化剂接触面积，不利于气化，因此，灰熔点低的原料，只能在低温度下操作。灰熔点对生物质锅炉结渣影响特别大，控制好锅的温度对生产运行的设备维护起着很重要的作用。

7. 硬度

硬度是指材料局部抵抗硬物压入其表面的能力，生物质的硬度和通常意义上的材料硬度不同，生物质的硬度一般是木材硬度，会直接影响粉碎的效果，进而影响生物质的粒度和形状。在工程技术界通常采用维氏硬度来表征生物硬度，维氏硬度试验方法适用于各种材料硬度的测量。试验时，在一定载荷的作用下，试样表面上压出一个四方锥形的压痕，测量压痕对角线长度，然后用公式来计算维氏硬度值，即

$$HV=常数×试验力/压痕表面积$$

式中常数约为 0.1891。

8. 导热性

导热性反映物质导热性能的大小，其大小用热导系数来衡量，热导系数定义为物体上下表面温度相差 1℃时，单位时间内通过导体横截面的热量，符号为 λ，单位为 W/(m·K)。生物质是多空隙的物质，空隙中充满空气，而空气是热的不良导体，所以生物质的导热性效果较差。生物质的导热性受木材的密度、含水量和纤维方向的制约，生物质的导热性随温度、密度、含水率的增加而增大，顺着纤维方向的导热性要大。结合密度、含水率、温度对水稻秸秆的热导率的测定，可拟合成计算公式为

$$\lambda=9.55×10^{-3}+6.118×10^{-4}w+1.74×10^{-4}\rho+4.36×10^{-4}\theta$$

式中 w 为含水率；ρ 为密度；θ 为温度。

二、生物质的化学特性

1. 生物质的热解

生物质在加热过程中，它的组分变得不稳定并开始分解，对木材热解特性的研究发现，其组分在 150℃左右就开始有化学活性，半纤维素的起始热解温度为 150～350℃，纤维素为 275～350℃，木质素为 250～500℃，所以，一般认为木材的起始热解温度为 250℃左右。所以木质纤维原料的热解都可以简单地分为两个过程，即一次热解和二次热解，一次热解是生物质原料的降解，二次热解则是一次热解产物的继续降解。

（1）纤维素热解。在生物质的所有组分中，纤维素的热解特性得到了最多的关注，主要是由于它在生物质中的含量比较多（约 50%），结构为人们所熟悉，且提取过程比较简单。

通常认为纤维素的一次热解有两条互相竞争的途径：一是纤维素脱水生成 C、CO 和 H_2O；二是纤维素破碎和解聚生成中间产物，主要是左旋葡萄糖。

（2）半纤维素热解。半纤维素在生物质中的含量虽然比较少，但它在三种组分中的反应活性却最强，在150～350℃的范围内热降解过程发生得很迅速。

一般认为，半纤维素的热解机理与纤维素相似，只是中间产物由左旋葡萄糖变为呋喃衍生物，但实验结果显示，糠醛（一种呋喃衍生物）的产率比较低。

（3）木质素热解。木质素是生物质三种组分中最复杂、了解最少和热稳定型最好的一种组分，对木质素组分缺乏了解是因为其结构极为复杂。

木质素的一次热解一般发生在热软化温度为200℃，由其氢键断裂和芳香基失稳所引起。随着温度的升高，木质素的降解受其结构的影响，首先形成高分子物质，这是由木质素结构中合烷基的分子链中双键的形成引起的，然后小分子物质开始形成，主要是轻芳香族物质，如邻甲氧基苯酚，小分子物质的形成在木质素的热解达到顶峰之后便结束。

木材热解过程中生成的大部分碳都来自于木质素，这是由于木质素中的芳香环很难断裂，而纤维素和半纤维素中的糖苷键很容易断裂，在较低的反应温度（小于或等于400℃）和较慢的加热速率（小于或等于100℃/min）下，木质素热解可以得到50%的碳。国外研究者通过实验得到数据，指出高碳产率是由于木质素中存在的一些没有参与热解反应的甲基苯基官能团。他们在一个温度为400℃、氮气氛围的加热炉上进行了实验，将木质素在其中加热5min，最后得到73.3%的碳产率，分子式可以表示为$C_6H_5O_{1.3}$，其结构是交叉的芳香族结构，与木质素有些类似。

木质素热解的液体产物中有芳香族物质，如苯酚、二甲氧基苯酚、甲酚等，这是在木质素热解过程中不同于缩合反应生成碳的另外一种分解反应所形成的。

2. 生物质的燃烧

生物质燃料（秸秆、薪柴等）的燃烧是强烈的放热化学反应过程，燃烧的进行除了要有燃料本身之外，还必须有足够的温度和适量的空气供应。燃料的燃烧过程可以分为预热、水分蒸发、析出挥发分和焦炭燃烧等几个阶段。

当柴草送进炉膛后，用火种引燃柴草表面的可燃物，温度逐渐升高，柴草中的水分首先蒸发，干燥的柴草吸热升温发生热解，析出挥发分气体，形成浓度合适的挥发分与空气的混合物，当温度和浓度这两个条件都已具备时，挥发分首先着火燃烧，并为其后的焦炭燃烧准备了条件。柴草表面燃烧所放出的热能逐渐积聚，通过传导和辐射向柴草内层扩散，从而使内层挥发分析出，继续与氧混合燃烧，并放出大量的热量，此时柴草中剩下的焦炭被挥发物包围着，炉膛中的氧不易接触到焦炭表面，只有当挥发物的燃烧快要终了时，焦炭周围的温度很高，一旦有氧气接触到炽热的焦炭表面，就可以产生焦炭的燃烧。随着焦炭的燃烧，不断产生灰分，把生成的焦炭包裹，妨碍它继续燃烧，这时人为地适当加以搅动或增加从炉算中的通风量，可以加强剩余焦炭的燃烧，否则灰渣中可能会残留未燃尽的焦炭。

以上几个阶段实际上是连续进行的，当挥发分气体着火燃烧后，气体便不断向上流动，边流动边反应形成扩散火焰。在扩散火焰中，由于空气与可燃气体混合比例的不同，形成各层温度不同的火焰，混合比例恰当，燃烧就好，温度就高；反之，燃烧就不好，温度就低，因此，进入炉膛的空气不能过多也不能过少，否则都会造成火焰熄灭。

碳的燃烧理论上可按式（3-1）和式（3-2）进行，但实际上氧气在高温下与炽热的焦炭表面接触时，将同时产生CO和CO_2，即基本上按式（3-3）和式（3-4）发生氧化反应。

$$C+O_2 \rightarrow CO_2+408.2kJ/mol \tag{3-1}$$

$$2C+O_2 \rightarrow 2CO+246.4kJ/mol \tag{3-2}$$

$$4C+3O_2 \rightarrow 2CO_2+2CO \tag{3-3}$$

$$3C+2O_2 \rightarrow CO_2+2CO \tag{3-4}$$

CO 和 CO_2 这两种气体产生量的多少由温度的高低和空气量的多少决定。当温度处于 $900\sim1200℃$ 范围时，反应主要按式（3-3）进行，当温度高于 $1450℃$ 时，反应则主要按式（3-4）进行。

在温度较高（超过 $700℃$）的情况下，生成的 CO 向外扩散时遇到氧气，则会继续燃烧生成 CO_2，即：

$$2CO+O_2 \rightarrow 2CO_2+570865kJ \tag{3-5}$$

若温度更高，当生成的 CO_2 在扩散过程中遇到炽热的焦炭，就会产生碳的气化还原反应，产生 CO，即：

$$CO_2+C \rightarrow 2CO+570865kJ \tag{3-6}$$

这种反应会促使固定碳的氧化。

由于炉膛中尚有一些水蒸汽存在，它也会向焦炭表面扩散，当与炽热的焦炭相遇时，也会产生碳的气化还原反应，产生氢气或甲烷，即：

$$C+2H_2O \rightarrow CO_2+2H_2 \tag{3-7}$$

$$C+H_2O \rightarrow CO+H_2 \tag{3-8}$$

$$C+2H_2 \rightarrow CH_4 \tag{3-9}$$

水蒸汽比 CO_2 对碳的气化作用快，所以炉膛或热解反应炉中有适量的水蒸汽，可促进固定碳的燃烧或转化。

3. 生物质的发热量

燃料发热量又称燃料的热值，它有高位热值（HHV）和低位热值（LHV）之分，是衡量生物质燃料燃烧性能优劣的一个重要指标。高位热值是指单位质量的燃料完全燃烧后能够产生的全部热量，包括燃烧产物（烟气）中水分的汽化潜热，一般燃烧装置（如锅炉）的排烟温度都大于 $100℃$，烟气中的水分处于蒸汽状态，这些水蒸汽从燃料燃烧释放出的热量中吸取了汽化潜热，故从燃料高位热值中扣除这部分汽化潜热后才是燃烧装置可能利用的热量，称此热量为燃料的低位发热量，即低位热值。燃料燃烧装置的热力计算以低位发热量为依据。

相同基燃料的高、低位发热量的差别仅在于水蒸汽吸取的汽化潜热，考虑到烟气中水蒸汽是由两部分水分组成，即燃料中固有的水分和氢、氧元素化合而成的水分，而后者由下列化学反应产生：

$$H_2+\frac{1}{2}O_2 \rightarrow H_2O \tag{3-10}$$

可知，1kg 氢气燃烧后产生 9kg 水，故 1kg 燃料燃烧后产生$(9(H/100)+(M/100))$kg 水，式中 H、M 分别表示燃料中氢元素和水分的质量百分数，若 1kg 水的汽化潜热在常压下近似取 2508kJ，则相同基燃料高、低位发热量的关系为：

$$LHV = HHV - 2508\left(9\frac{H}{100}+\frac{M}{100}\right)(kJ/kg) \tag{3-11}$$

表 3-4 列出了几种生物质在自然风干情况下的热值，含碳量高的生物质，其热值也高，豆秸、棉花秸的热值高于稻草的热值。一般分析计算时可认为秸秆的平均热值大约为 14MJ/kg。

表 3-4　几种生物质在自然风干情况下的热值

种类	玉米秸	高粱秸	棉花秸	豆秸	麦草	稻草	稻壳	谷草	杂草	树叶	牛粪
高位热值 /（MJ/kg）	16.90	16.37	17.37	17.59	16.67	15.24	15.67	16.31	16.26	16.28	12.81
低位热值 /（MJ/kg）	15.54	15.07	15.99	16.15	15.36	13.97	14.36	15.01	14.94	14.81	11.62

　　生物质的热值除与它的种类（主要是所含成分）有关外，与其含水量的关系也较大，含水量越高，燃烧时水分蒸发摄取的热量也越多，净得热量就越少，低位热值也就越低，表 3-5 所列是部分生物质的低位热值与其含水量的关系。

表 3-5　部分生物质低位热值与其含水量的关系

含水率/%		5	7	9	11	12	14	16	18	20	22
低位热值 /（MJ/kg）	玉米秆	15.42	15.04	14.66	14.28	14.09	13.71	13.33	12.95	12.57	12.19
	高粱秆	15.74	15.36	14.97	14.59	14.39	14.01	13.62	13.24	12.85	12.46
	棉花秆	15.95	15.55	15.17	14.77	14.58	14.19	13.80	13.41	13.02	12.64
	豆秸	15.84	15.31	14.95	14.57	14.37	13.99	13.61	13.22	12.84	12.45
	麦草	15.44	15.06	14.68	14.30	14.15	13.73	13.36	12.97	12.60	12.22
	稻草	14.18	13.83	13.48	13.13	12.95	12.60	12.25	11.90	11.55	11.19
	谷草	14.79	14.43	14.06	13.69	13.51	13.15	12.78	12.46	12.05	11.69
	柳树枝	16.32	15.93	15.52	15.13	14.93	14.54	14.13	13.74	13.34	12.95
	杨树枝	14.00	13.61	13.26	12.91	12.74	12.39	12.04	11.69	11.35	11.00
	牛粪	15.38	14.96	14.59	14.21	14.02	13.64	13.26	12.89	12.43	12.13
	马尾松	18.37	17.93	17.49	17.05	16.83	16.38	15.94	15.49	15.05	14.61
	桦木	16.97	16.42	16.13	15.72	15.51	15.10	14.69	14.28	13.87	13.46
	椴木	16.65	16.25	15.84	15.44	15.24	14.84	14.43	14.02	13.62	13.21

　　如表 3-6 所示，木质燃料的热值随树种和树的部位不同而略有差异，同样，木材的几种成分中，热值也各不相同，如纤维素为 14.12MJ/kg、木质素为 26.66MJ/kg、树脂为 38.07MJ/kg。

表 3-6　几种树种不同部位的发热量　　　　　　　　　　　　　　　　　　MJ/kg

树种部位	发热量（干基）		
	松树	云杉	桦木
树干	19.28	19.08	19.08
树皮	19.48	19.88	22.39
截头	20.28	19.88	20.38
针叶	21.19	19.88	

生物质热值既可以实验测定也可以计算获得，瑞典学者 Channiwla 提出的计算式为：

$$HHV = 0.3491C_d + 1.1783H_d + 0.1005S_d - 0.1034O_d - 0.0151N_d - 0.0211A_d \quad (MJ/kg) \quad (3\text{-}12)$$

式（3-12）中，C_d、H_d、S_d、O_d、N_d 和 A_d 分别代表碳、氢、氧、硫、氮和灰分在燃料中所占的组分（%，干基）。

4. 生物质燃料的化学当量比

生物质燃烧时实际供给的空气量与完全燃烧理论所需的空气量之比，称为空气过量系数，以 α 表示，根据 α 值的大小，燃烧工况可以分为贫氧燃烧、富氧燃烧和理论燃烧三种。即贫氧燃烧的空气过量系数 α 小于 1，富氧燃烧的空气过量系数 α 大于 1，理论燃烧的空气过量系数 α 等于 1。

燃料完全燃烧所需要的空气量，可以根据燃料可燃质元素与氧化合时所需的空气量换算成标准状态下的体积而获得。一般而言，包括生物质在内的有机燃料多是多种元素的化合物，其中每一种可燃元素可能分别与其他元素化合，燃烧反应复杂，故对每一种可燃元素的化学反应不可能用单一化学反应式描述。但是由于物质平衡，每一种可燃元素可以用一个反应式表示，理论所需空气量就是根据生物质燃料中所含碳、氢、硫元素分别与氧气反应后求得的。

第三节　生物质元素和工业分析

一、生物质元素分析

1. 元素分析原理

有机元素分析始于 20 世纪初，其技术原理是精确称重的样品在氧气流中加热到 1000～1800℃进行快速燃烧分解，C、H、N 元素的燃烧产物（二氧化碳、水、氮气和氮氧化物）经吸附分离后用微天平称量，最后计算元素组成。这一技术后来做了很多改进，比如加入燃烧催化剂加速反应，采用气相色谱技术分离燃烧产物，采用红外光谱、热导检测技术及库仑检测技术来测定气体产物。这样就发展成测定 C、H、N、S 和 O 元素的现代仪器技术。至于有机化合物中的卤素和 P，可以用化学分析方法（如安培滴定法和离子交换法等）测定，金属元素则多用原子光谱等方法分析。

2. 元素分析方法

煤中碳和氢的含量有多种测定方法。其中有 GB/T476－2001《煤的元素分析方法》所规定的元素炉法，即利比西法；有电力标准高温碳氢测定法；还有红外吸收法等，每种方法各具特点。其中，元素炉法为经典方法，可用作仲裁分析，也是国内多数单位实际使用的方法；高温碳氢测定法较元素炉法快速，系统结构也比较简单，测定结构与国标法同样可靠；红外吸收法具有技术先进、测试效率高、结构可靠的特点。

生物质主要化学成分的分析方法普遍采用化学法，这种方法由 Van Soest 等在 1963 年提出，首先通过酸或者碱将生物质水解，然后萃取出各种化学成分，经过提纯，最后通过滴定的方法得到各主要化学成分的含量，生物质化学成分分析的国家标准也是基于这种方法。

（1）碳和氢元素。碳是生物质最基本的可燃元素。1kg 碳完全燃烧时生成二氧化碳，可放出约 33858kJ 热量，固体燃料中碳的含量基本决定了燃料热值的高低。例如以干燥无灰基计，则生物质中含碳 44%～58%，碳在燃料中一般与 H、N、S 等元素形成复杂的有机化合物，在受热分解（或燃烧）时以挥发物的形式析出（或燃烧）。除这部分有机物中的碳以外，生物质中其余的碳是以单质形式存在的固定碳。固定碳的燃点很高，需在较高温度下才能着火燃烧，所以燃料中固定碳的含量越高，则燃料越难燃烧。燃尽温度越高，在灰渣中因为燃烧不完全越容易产生碳残留，1kg 碳不完全燃烧时生成一氧化碳，仅放出 1020kJ 热量。而当一氧化碳变成二氧化碳时，放出热量为 2365kJ。

氢是燃料中仅次于碳的可燃成分，1kg 氢完全燃烧时，能放出约 143000kJ 的热量，相当于碳的 3.5～3.8 倍，氢含量直接影响燃料的热值、着火温度以及燃料的难易程度，氢在燃料中主要是以碳氢化合物形式存在，当燃料被加热时，碳氢化合物以气态挥发出来，所以燃料中含氢越高，越容易着火燃烧，燃烧得越好。氢在固体燃料中的含量很低，煤中为 2%～8%，并且随着碳含量的增多（碳化程度的加深）逐渐减少；生物质中为 5%～7%。在固体燃料中有一部分氢与氧化合形成结晶状态的水，该部分氢是不能燃烧放热的；而未和氧化合的那部分氢称为自由氢，它和其他元素（如碳、硫）化合，构成可燃化合物，在燃烧时与空气中的氧反应放出很高的热量。含有大量氢的固体燃料在储藏时易于风化，风化时会失去部分可燃元素，其中首先失去的是氢，氢在液体燃料中的含量相对来说较高，一般为 10%～14%。

（2）氮元素。氮在高温下与 O_2 发生燃烧反应，生成 NO_2 或 NO，统称 NO_x，NO 排入空气造成环境污染，在光的作用下对人体有害。但是氮在较低温度下（800℃）与 O_2 燃烧反应时产生的 NO_2 显著下降，大多数不与 O_2 进行化学反应而呈游离态氮气状态。例如锅炉热力计算中计算煤的燃烧产物时，近似地认为煤中氮元素最后只以氮气形式析出，氮是固体和液体燃料中唯一的完全以有机状态存在的元素。生物质中有机氮化物被认为是比较稳定的杂环和复杂的非环结构的化合物，例如蛋白质、脂肪、植物碱、叶绿素和其他组织的环状结构中都含有氮，而且相当稳定。氮在固体燃料、液体燃料中的含量一般都是不高的，但在某些气体中氮的含量却占有很大比例。生物质中的氮含量较少，一般在 3% 以下，故影响不大；煤中的氮含量比较少，一般为 0.5%～3%，随着煤的变质程度加深而减少，随着氢含量的增高而增大。

生物质中氮的分析普遍采用凯式法或改良凯式法。该法并不能保证测出所有形式的氮，但能测出绝大部分的氮，它包括以下步骤：

1）消化。用浓硫酸、硫酸钾和硫酸铜作反应剂，浓硫酸能将生物质中的碳和氢氧化成 CO_2 和 H_2O，氮经过复杂的反应变成氨，再与硫酸反应生成 NH_4HSO_4。硫酸钾的作用主要是提高硫酸的沸点，即升高消化温度，这样可缩短反应时间，硫酸铜可起催化作用。

2）蒸馏。向消化后的溶液加入过量碱并蒸出氨。

$$NH_4HSO_4 + H_2SO_4 + 4NaOH \rightarrow NH_3 \uparrow + 2Na_2SO_4 + 4H_2O$$

3）吸收。以硼酸作吸收剂，与氨生成分子配合物。

$$H_3BO_3 + xNH_3 \rightarrow H_3BO_4 \cdot xNH_3 2SO_4 + 2H_3BO_3$$

4）滴定。以标准酸进行滴定。

$$H_3BO_4 \cdot xNH_3 + xH_2SO_4 \rightarrow x(NH_4)_2 SO_4 + 2H_3BO_3$$

（3）硫元素。硫是可燃成分之一，也是有害的成分。1kg 硫完全燃烧时，可放出 9033kJ 的热量，约为碳热值的 1/3。但它在燃烧后会生成硫氧化物 SO_x（如 SO_2、SO_3）气体。

生物质中硫的存在形式可分为无机硫和有机硫两类，从燃烧角度也可将它们分为可燃硫（或称挥发硫）和固定硫（或称不可燃硫）两类。

硫的检测用碳酸钠—氧化锌半熔，将试样中的全部硫转化成可溶性硫酸盐，然后在微酸性溶液中与氯化钡作用生成硫酸钡沉淀，灼烧，称量。

固体燃料中的硫含量一般较少，生物质中的含硫量极低，一般少于 0.3%，有的生物质甚至不含硫，属于清洁燃料。

（4）氧元素。氧不能燃烧释放热量，但加热时，氧是有机组分，极易分解成挥发性物质，因此仍将它列为有机成分。燃料中的氧是内部杂质，它的存在会使燃料成分中的可燃元素碳和氢相对减少，使燃料热值降低。此外，氧与燃料中一部分可燃元素氢或碳结合处于化合状态，因而减少了燃料燃烧时放出的热量。氧是燃料中第三个重要的组成元素，它以有机和无机两种状态存在。无机氧主要存在于煤中水分、硅酸盐、碳酸盐、硫酸盐和氧化物中等。氧在固体和液体燃料中呈化合态存在。

（5）其他元素。磷和钾元素是生物质燃料特有的可燃成分。磷燃烧后生成五氧化二磷（P_2O_5），而钾燃烧后产生氧化钾（K_2O），它们就是草木灰的磷肥和钾肥。生物质中磷的含量很少，一般为 0.25～3%。在燃烧等转化时，燃料中的磷灰石在湿空气中受热，这时磷灰石受热以磷化氢的形式逸出，而磷化氢是剧毒物质。同时，在高温的还原气体中，磷被还原为磷蒸汽，随着在火焰上燃烧，遇水蒸汽形成了焦磷酸（$H_4P_2O_7$）。焦磷酸附着在转换设备壁面上，与飞灰结合，时间长了就形成坚硬的、难溶的磷酸盐结垢，使设备壁面受损。K_2O 的存在则可降低飞灰的熔点，形成结渣现象。但一般在元素分析中若非必要，并不测定磷和钾的含量，也不把磷和钾的热值计算在内。

综上所述，对于林木生物质，元素分析数据是其能源化利用装置设计的基本参数，它对转化能耗、热平衡的计算等都是不可缺少的。在高位及低位热值计算中，必须应用硫含量与氢含量的值。在热力计算上，一般需要根据氮及其他元素的含量来求算氧含量，故提供可靠的元素分析结果在生产上有着重要的实际意义。生物质种类不同，其元素分析结果也不同。几种主要生物质的元素组成的热值见表 3-7。

表 3-7　生物质的元素组成的热值

种类	元素分析结果[①]/%					HHV_{daf}/（kJ/kg）	LHV_{daf}/（kJ/kg）
	C_{daf}	H_{daf}	O_{daf}	N_{daf}	S_{daf}		
玉米秸	49.30	6.00	43.60	0.70	0.11	19065.00	17746.00
玉米芯	47.20	6.00	46.10	0.48	0.01	19029.00	17730.00
麦秸	49.60	6.20	43.40	0.61	0.07	19876.00	18532.00
稻草	48.30	5.30	42.20	0.81	0.09	18803.00	17636.00
稻壳	49.40	6.20	43.70	0.30	0.40	17370.00	16017.00
花生壳	54.90	6.70	36.90	1.37	0.10	22869.00	21417.00
棉秸	49.80	5.70	43.10	0.69	0.22	19325.00	18089.00

种类	元素分析结果[①]/%					HHV_daf / (kJ/kg)	LHV_daf / (kJ/kg)
	C_{daf}	H_{daf}	O_{daf}	N_{daf}	S_{daf}		
杉木	51.40	6.00	42.30	0.06	0.03	20504.00	19194.00
榉木	49.70	6.20	43.80	0.28	0.01	19432.00	18077.00
松木	51.00	6.00	42.90	0.08	0.00	20353.00	19045.00
红木	50.80	6.00	43.00	0.05	0.03	20795.00	19485.00
杨木	51.60	6.00	41.70	0.60	0.02	19239.00	17933.00
柳木	49.50	5.90	44.10	0.42	0.04	19921.00	18625.00
桦木	49.00	6.10	44.80	0.10	0.00	19739.00	18413.00
枫木	51.30	6.10	42.30	0.25	0.00	20233.00	18902.00

注：① 指无水（干燥基）生物质成分。

表 3-8 列出来湛江生物质发电厂 6 种物料和其他的生物质的元素分析数据。

表 3-8　湛江生物质发电厂元素分析

种类	元素分析结果[①]/%			
	C_{daf}	H_{daf}	O_{daf}	N_{daf}
油页岩	17.01	2.23	0.67	1.96
海藻	32.83	4.1	2.25	1.68
水葫芦	39.39	5.6	2.54	0.31
麦皮	45.44	6.32	2.76	0.22
柚子皮	43.86	5.99	0.66	0.04
香蕉皮	43.68	5.51	1.69	0.12
橙子皮	45.01	6.2	0.92	0.08
谷糖	41.89	6.01	0.99	0.13
苹果皮	44.59	6.81	0.45	0.05
甘蔗渣	46.71	5.96	0.43	0.06
秸秆	39.97	5.41	0.83	0.13
甘蔗叶	44.24	5.79	0.48	0.21
桉叶	49.53	6.32	2.28	0.22
碎木板	46.78	6.05	0.44	0.06
树干	47.4	6.06	0.38	0.04
树皮	44.46	5.57	0.51	0.04
末尾	48.62	5.97	0.69	0.07
垃圾	47.01	6.42	1.1	0.88

注：甘蔗渣、甘蔗叶、碎木板、树干、树皮、末尾、桉树叶来自湛江生物质电厂；①指无水（干燥基）生物质成分。

二、生物质工业分析

1. 工业分析内容

（1）水分（M）。生物质中含有一定量的水分。生物质的水分随着种类、产物的不同而变化，同时由于位置的迁移、空气中的水分不同而变化。水分根据不同的形态分为游离水分和结晶水。游离水分附着于生物质颗粒表面及吸附于毛细孔内，结晶水和生物质里面的矿物质成分化合。水分还可以分为外在水分和内在水分。

外在水分是指将生物质风干后所失去的水分，在开采、运输、储存时所带入，覆盖在生物质颗粒表面上。当生物质放置在空气中（一般规定温度为 20℃，相对温度为 65%）风干 1～2 日后，外在水分即蒸发而消失。这类水分又名风干水分，除去外在水分的生物质为风干基。

内在水分是指在风干煤中所含的水分。在一定温度下，其蒸汽压常较纯水的蒸汽压低，用风干法很难除去，即使在 100℃ 以下烘也难于除尽，通常在 102～105℃ 烘干一定时间后才能除去，故又名烘干水分，除去内在水分的生物质为干燥基。

化合结晶水（decomposition moisture）是与生物质中的矿物质相结合的水分，在生物质中含量较少，在 105～110℃ 下不能除去，在超过 200℃ 时才能分解逸出。如 $CaSO_t·2H_2O$、$Al_2O_3·2SiO_2·2H_2O$ 等分子中的水分均为结晶水。因为当温度超过 200℃ 时，生物质中的有机质才开始分解，所以结晶水不可能用加热的方法单独地测出，它的值不列入生物质的水分之中，与挥发物一道计入挥发分中。

（2）挥发分（V）。生物质样品与空气隔绝在一定的温度条件下加热一定时间后，由生物质中的有机物质分解出来的液体（此时为蒸汽状态）和气体产物的总和称为挥发分（volatile matter），但所谓挥发分在数量上并不包括燃料中游离水分蒸发的水蒸汽，剩下的不挥发物称为焦渣。

挥发分的主要成分是有 H_2、CH_4 等可燃气体和少量的 O_2、N_2、CO_2 等不可燃气体。生物质挥发分含量远高于煤的挥发分。

挥发分本身的化学成分是一种饱和的以及未饱和的芳香族碳氢化合物的混合物，是氧、硫、氮以及其他元素的有机化合物的混合物，以及燃料中结晶水分解后蒸发的水蒸汽。挥发分并不是生物质中固有的有机物质的形态，而是特定条件下的产物，是当燃料受热时才形成的，所以说挥发分含量的多少，是指燃料所析出的挥发分的量，而不是指这些挥发分在燃料中的含量，因此称挥发分产率较为确切，一般简称为挥发分。

（3）灰分（A）。对于大多数常见的生物质原料，除了碳、氢、氧等有机物之外，还含有一定数量的钾、钠、氧、硫、磷等无机矿物质。在生物质热化学转化利用过程中，这些残留的无机物质称为灰。将生物质在一定温度（815±10℃，煤的标准）及其中矿物质在空气中经过一系列分解、化合等复杂反应后所剩余的残渣就是灰分。

生物质中不能燃烧的矿物杂质可以分为外部杂质和内部杂质。外部杂质是在采获、运输和储存过程中混入的矿石、沙和泥土等。生物质作为固体燃料其矿物杂质主要是瓷土（$Al_2O_3·2SiO_2·2H_2O$）和氧化硅（SiO_2）以及其他金属氧化物等。生物质的灰分含量高，将减少燃料的热值，降低燃烧温度，如秸秆的灰分含量可达 15%，导致其燃烧比较困难。农作物收获后，将秸秆在农田中放置一段时间，利用雨水进行清洗，可以减少其中的 Cl 和 K 的含量，除去部分灰分，减少灰渣处理量。

1）生物质的灰分特性。灰的成分性质很重要，其主要性质之一是灰分的熔化性和各成分间互相发生反应的能力，以及与周围气体介质发生反应的能力。

在生物质能利用中，生物质中的灰是影响利用过程的一个很重要的参数。如生物质燃烧、气化过程中受热面的积灰、磨损及腐蚀，流化床中燃烧气化时床料结块等均与灰的性质密切相关，灰的性质还会影响到生物质燃烧、气化、热解等过程中的产物和其作为副产品使用的功能。

燃料的灰分是杂质的主要成分。燃料含灰分的程度是不同的，燃料的种类不同则灰分不同，就是同一种燃料，有时灰分也不尽相同。矿物性燃料的灰量是极不稳定的，它取决于燃料产地的性质，即取决于燃料的碳化情况、开采的质量，在一定程度上，还取决于储藏的方法和时间。

2）生物质灰分的质量分数。生物质燃烧后灰分将分布到飞灰和底灰中。流化床燃烧设备生成的灰分比固定床更多，原因是除灰分外，硫化床床料也被排出。但流化床生成的底灰比固定床少得多，大约仅占灰分总量的 20%～30%，其余 70%～80% 都是飞灰。

3）生物质灰分组成。生物质灰分组成分布比较均匀，其中生物质中 Si、K、Na、S、Cl、P、Ca、Mg、Fe 是导致结渣积灰的主要元素。在地壳中出现的每种化学元素都可以在植物灰分中发现，生物元素的比例是某些植物种和科以及特殊器官和发育阶段的显著特征。许多草本植物含 K 多于 N，而在适氮植物中则相反。植物主要灰分元素中硅、钙、钾三种氧化物所占比例最高。

（4）固定碳（FC）。热解出挥发分之后，剩下的不挥发物称为焦渣，焦渣减去灰分称为固定碳，不同生物质的固定碳含量不同。固定碳是参与气化反应的基本成分。在生物质、煤或焦炭中，固定碳的含量用质量百分数表示，即由常样的质量中减去水分、挥发物和灰分的质量，或由干样的质量中减去挥发物和灰分的质量而得。生物质由于含有挥发分较多，一般在 10% 左右。固定碳燃点很高，需要在较高温度下才能着火燃烧，因此固定碳含量能够影响生物质着火点和燃烧容易程度。

2. 生物质的成分分析基准及其换算

（1）生物质的成分分析基准。根据燃料所处状态或者按需要而固定的成分组合称为基准。为了使燃料分析结果具有可比性，进行燃料分类，以及转化设备设计和其他应用的需要，就必须将燃料按一定基准来表示。如果所采用的基准不同，同一种燃料（如生物质、煤）即使采样时条件相同，在同样实验条件下同一种成分的含量所得的结果也不同，甚至差别很大。所以说，燃料的工业分析和元素分析值都必须标明所采用的基准，否则无意义。常用的分析基准有收到基（as received）、空气干燥基（air dry）、干燥基（dry）和干燥无灰基（dry and ash free）四种，相应的表示方法是在各成分符号右下角标 ar、ad、d、daf。

1）收到基（ar）。以收到状态的燃料为基准，即包括水分和灰分在内所有燃料组成的总和作为计算基准，称为收到基。用质量分数表示的各成分为收到基成分，按收到基组成表示的燃料反映了燃料在实际应用时的成分组成，它相当于将送入转换设备进行燃烧的燃料，在燃料的直接燃烧等应用时应按照收到基组成来进行计算。

燃料的收到基工业分析组成为：

$$M_{ar} + V_{ar} + FC_{ar} + A_{ar} = 100\% \qquad (3\text{-}13)$$

2）空气干燥基（ad）。以实验条件下（20℃，相对湿度 60%）自然风干的燃料试样为基准，即燃料试样与实验室空气湿度达到平衡时的燃料作为计算基准的，称为空气干燥基，用质量分数表示的各成分为空气干燥基成分。显然，空气干燥基组成是排除了固体燃料的外在水分，留在燃料中的只有内在水分。燃料的空气干燥基工业分析组成为：

$$M_{ad} + V_{ad} + FC_{ad} + A_{ad} = 100\% \qquad (3\text{-}14)$$

3）干燥基（d）。以假想无水状态的燃料为计算基准，称为干燥基。由于燃料的组成中已不包括水分在内，所以燃料中水分即使发生变动，干燥基组成也仍不受影响。燃料的干燥基工业分析组成为：

$$V_d + FC_d + A_d = 100\% \qquad (3\text{-}15)$$

4）干燥无灰基（daf）。以假想无水、无灰状态的燃料作为计算基准，称为干燥无灰基。由于干燥无灰基无水、无灰，故剩下的成分便不受水分、灰分变动的影响，是表示碳、氢、氧、氮、硫成分百分数最稳定的基准，常用来表示燃料的挥发分含量。燃料的干燥无灰基工业分析组成为：

$$V_{daf} + FC_{daf} = 100\% \qquad (3\text{-}16)$$

（2）生物质的各种分析基准的换算。由于生物质分析所使用的样品是空气干燥基样，分析结果的计算是以空气干燥基为基准得出的，但在锅炉设计、计算时，是按实际进入锅炉的炉前生物质，即收到基进行计算的，所以一方面要测定炉前生物质的收到基水分，同时还要对生物质的各种成分进行基准的换算，换算公式为：

$$X = X_0 \cdot K \qquad (3\text{-}17)$$

式中，X_0 为按原基准计算的某一成分的百分数，%；X 为按新基准计算的同一成分的质量百分数，%；K 为基准间换算比例系数，各种基准间的换算比例系数见表3-9。

表 3-9　不同基准的换算系数 K

已知的基准	欲求的基准			
	收到基	空气干燥基	干燥基	干燥无灰基
收到基（ar）	1	$\dfrac{100 - M_{ad}}{100 - M_{ar}}$	$\dfrac{100}{100 - M_{ar}}$	$\dfrac{100}{100 - M_{ar} - A_{ar}}$
空气干燥基（ad）	$\dfrac{100 - M_{ar}}{100 - M_{ad}}$	1	$\dfrac{100}{100 - M_{ad}}$	$\dfrac{100}{100 - M_{ad} - A_{ad}}$
干燥基（d）	$\dfrac{100 - M_{ar}}{100}$	$\dfrac{100 - M_{ad}}{100}$	1	$\dfrac{100}{100 - A_d}$
干燥无灰基（daf）	$\dfrac{100 - M_{ar} - A_{ar}}{100}$	$\dfrac{100 - M_{ad} - A_{ad}}{100}$	$\dfrac{100 - A_d}{100}$	1

3．工业分析标准

中国在生物质分析方面尚没有确定的标准，目前主要借鉴煤的分析标准。由于煤和生物质在结构上都有很大的差别，采用煤的分析标准进行生物质工业分析在一定程度上和真实值有较大的差距。因此，目前采用美国材料试验学会技术委员会颁布的一系列生物质工业分析的

ASTM 标准，包括水分、挥发分和灰分分析。下面以 ASTM 标准 E871-82、E872-82、E1755-01 为例，具体阐述工业分析步骤。

（1）E871-82 标准主要是测定木材燃烧的水分含量，具体步骤如下：

1）样品制备过程，包括样品的来源与收集及粉碎。其中取样不能少于 10kg，样品已经收集好并且存放于密封处，尽量隔绝空气。

2）把试样容器放在干燥箱中，在温度为 105±1℃工况下干燥 30min，然后取出，放入干燥皿中冷却至室温，称取质量精确到 0.02g，记为 W_c，然后把不少于 50g 的样品放于容器中，称取质量精确到 0.01g，记为 W_i，作为初始质量。

3）把装有样品的容器放入干燥箱中，在温度为 105±1℃工况下，干燥至少 24h。把干燥后装有样品的容器取出，放入干燥皿中冷却至室温，然后快速称取，精确到 0.01g，记下数据。

4）重复步骤 3），直到两次数据之间的差别小于 0.2%，则记下此时的数据 W_f，作为最终数据。

5）根据式（3-18）计算出样品的水分含量

$$M_{ar} = (W_i - W_f)/(W_i - W_c) \times 100\% \tag{3-18}$$

式中，W_c 为容器质量，g；W_i 为最初质量，g；W_f 为最终质量，g。

（2）E872-82 标准主要是用于测定木材燃烧的挥发分含量，具体步骤如下：

1）样品制备过程，包括样品的来源与收集及粉碎，其中取样不能少于 10kg。样品已经收集好并且存放于密封处，尽量隔绝空气。

2）称量带有盖子的坩埚，精确到 0.01g，记为坩埚质量 W_c，然后称取 1g 左右的样品，盖上盖子，称量，精确到 0.01g，记为初始质量 W_i。

3）把装有样品的坩埚盖上盖子，然后马上送入马弗炉中央，马弗炉温度为 950±20℃，保证温度波动范围不超过 20℃至关重要。盖上马弗炉炉门，等待 7min，快速取出，放进干燥皿中冷却至室温，取出，称量，精确到 0.01g，记为 W_f，根据式（3-19）和式（3-20）计算挥发分含量。

$$A = (W_i - W_f)/(W_i - W_c) \times 100\% \tag{3-19}$$

$$V_{ar} = A - B \tag{3-20}$$

式中，A 为失重率，%；B 为根据方法 E871 计算出的水分含量，%。

（3）E1755-01 标准主要是用于测定生物质的灰分含量，具体步骤如下：

1）样品制备过程，包括样品的来源和收集以及粉碎，其中取样不能少于 10kg，样品已经收集好并且存放在密封处，尽量隔绝空气。

2）把干锅放入马弗炉灼烧 3h，温度为 575℃±25℃，然后取出，放入干燥皿中冷却至室温，称量，精确至 0.1mg，记下此质量，然后再放入马弗炉中灼烧 1h，温度不变，取出冷却、称量。

3）重复步骤 2），直到两次质量相差在 0.3mg 以内为止，并且记下最后一次称量的值，为 M_{cont}。

4）称取大约 0.5～1g，精确到 0.01mg，如果样品是在 105℃干燥过的，则应保存在干燥皿中。对于这类型的样品，记下装有样品的坩埚的质量作为初始质量 M_s。

5）把装有样品的坩埚放进马弗炉中，在温度为 575℃±25℃下灼烧至少 3h，为了避免火焰出现，应该先以升温速率为 10K/min 升到 250℃并且在此温度下保持 30min，然后再升温到 575±25℃。避免最高温升不超过 600℃。

6）灼烧后，取出，放入干燥皿中冷却至室温，称量，精确到 0.1mg，然后再放入马弗炉中灼烧 1h，温度不变，取出冷却、称量。

7）重复步骤6），直到相邻的两次值相差在 0.3mg 以内为止，记下最后一次的质量为 M_{ash}。根据式（3-21）计算灰分含量。

$$A_{ar} = \frac{(M_{ash} - M_{cont})}{m_s} \times 100\% \qquad (3\text{-}21)$$

一般来讲，固定碳都不是直接测出，而是测出水分、挥发分以及灰分含量，而固定碳含量 $FC_{ar} = 100\% - M_{ar} - A_{ar} - V_{ar}$。

表 3-10 是运用上述方法测定的几种生物质原料的工业分析数据，实验设备是干燥箱和马弗炉。

表 3-10 工业分析（收到基）

名称	符号	单位	碎木板	甘蔗叶	树皮	甘蔗渣	桉树叶
水分	M_{ar}	%	11.1918	9.6236	10.0555	10.3742	9.1747
灰分	A_{ar}	%	3.5746	4.8876	10.5642	2.6415	4.7749
挥发分	V_{ar}	%	68.3481	70.4402	62.9958	72.5584	67.1312
固定碳	FC_{ar}	%	16.8855	15.0486	16.3845	14.4259	18.9191

相关研究表明，通过比较煤和生物质测试标准的异同，发现低温成灰后的生物质经历高温灼烧后会生成较大的质量损失，根据生物质中无机元素的特性和实际锅炉燃烧情况，提出对生物质成灰采用 ASTM 规定的低温成灰标准更合理。

第四节　燃料燃烧计算

燃料的燃烧是指燃料的可燃元素与氧气在高温条件下进行的强烈放热化学反应过程。当燃烧产物中不含有可燃物质时称为完全燃烧，燃烧产物中仍含有可燃物质时则称为不完全燃烧。

燃料燃烧计算是锅炉机组设计计算的基础，也是正确进行锅炉经济运行控制的基础。弄清燃料的主要可燃成分碳、氢、硫与氧的化学反应关系，是理解燃料燃烧计算的基础。计算时把空气和烟气中的组成气体都看成是理想气体，即在标准状态（0.101MPa 大气压力和 0℃）下，1kmol 理想气体的容积等于 22.4m³。

一、燃烧所需空气量

1. 理论空气量

1kg（或标准状况下 1m³）收到基燃料完全燃烧且没有剩余氧存在时所需要的空气量，称为理论空气量，用符号 V^0 表示，单位为 m³/kg（气体燃料为 m³/m³）。对于固体及液体燃料，理论空气量可根据燃料中的可燃元素（碳、氢、硫）和空气氧的化学反应进行计算，并以 1kg 燃料为计算基础。

碳完全燃烧时，其化学反应式为：

$$C + O_2 \rightarrow CO_2$$

12kgC + 22.41m³（标准状况下）O_2 = 22.41m³（标准状况下）CO_2 或 1kgC + 1.866m³（标

准状况下）$O_2 = 1.866m^3$（标准状况下）CO_2

1kg 收到基燃料中含有 $C_{ar}/100$（kg）碳，因而 1kg 燃料中的碳完全燃烧时需要氧量为 $1.866C_{ar}/100m^3$（标准状况下）。

同理，氢和硫的化学反应式为：

$1kgH + 5.56m^3$（标准状况下）$O_2 = 11.1m^3$（标准状况下）H_2O

$1kgS + 0.7m^3$（标准状况下）$O_2 = 0.7m^3$（标准状况下）SO_2

1kg 收到基燃料中含有 $H_{ar}/100$（kg）氢，因而 1kg 燃料中的氢完全燃烧时需要氧量为 $5.56H_{ar}/100m^3$（标准状况下）。

1kg 收到基燃料中含有 $S_{ar}/100$（kg）硫，因而 1kg 燃料中的硫完全燃烧时需要氧量为 $0.7S_{ar}/100m^3$（标准状况下）。

1kg 收到基燃料本身含有的氧量为 $O_{ar}/100$（kg），相当于 $\frac{O_{ar}}{100} \times \frac{22.4}{32} = 0.7\frac{O_{ar}}{100}m^3$（标准状况下），则 1kg 收到基燃料完全燃烧时需要从空气中取得的理论氧量 $V_{O_2}^O$ 为：

$$V_{O_2}^O = 1.866\frac{C_{ar}}{100} + 0.7\frac{S_{ar}}{100} + 5.56\frac{H_{ar}}{100} - 0.7\frac{O_{ar}}{100}$$

干空气中的氧体积含量为 21%，所以 1kg 收到基固体和液体燃料完全燃烧所需理论空气量 V^0 为：

$$V^0 = \frac{1}{0.21}(1.866\frac{C_{ar}}{100} + 0.7\frac{S_{ar}}{100} + 5.56\frac{H_{ar}}{100} - 0.7\frac{O_{ar}}{100})$$
$$= 0.0889(C_{ar} + 0.375S_{ar}) + 0.265H_{ar} - 0.0333O_{ar} \tag{3-22}$$

理论干空气量用质量表示则为：

$$m^0 = 1.293V^0 \tag{3-23}$$

式中，1.293 为干空气密度，kg/m^3（标准状况下）。

2. 实际供给空气量、过量空气系数及漏风系数

燃料在炉内燃烧时，很难与空气达到完全理想的混合，如仅按理论空气量给它供应空气，必然会有一部分燃料遇不到它所需要的氧而无法达到完全燃烧，因此实际送入炉内的空气量要比理论空气量大一些，这一空气量称为实际供给空气量，用符号 V_k 表示。实际供给空气量与理论空气量之比，称为过量空气系数，即：

$$\frac{V_K}{V^0} = \alpha \text{ 或 } \beta \tag{3-24}$$

式中，α 为用于烟气侧计算；β 为用于空气侧计算。

锅炉内的燃烧过程都在炉膛出口处结束，所以对燃烧有影响的炉内过量空气系数一般是指炉膛出口处的过量空气系数 α_l''。过量空气系数是锅炉的重要指标，太大会增加烟气量，使排烟热损失增加，太小则不能保证燃料完全燃烧。对应锅炉机组热损失最小、效率最高时的过量空气系数称为最佳过量空气系数。最佳过量空气系数与燃料种类、燃烧方式，以及燃烧设备的完善程度有关，应通过燃烧调整实验确定。

3. 锅炉漏风系数

对于在负压状态下工作的锅炉机组，在炉膛及其后的烟道中，由于炉墙和穿管处不严密，故烟道沿程均有外界冷空气漏入，漏风使烟气沿烟气流程的过量空气系数 α 不断增加。锅炉

漏风对于锅炉的安全经济运行是不利的。锅炉通常在负压状态下运行，微正压锅炉各烟道的漏风系数为零。漏风使烟气温度水平降低，与受热面的热交换变差；同时使烟气量增大，排烟损失增大，锅炉效率降低，引风机电耗增加，因而在设计与运行中都要采取措施来减少漏风量。

某一受热面的漏风量 ΔV 与理论空气量 V^0 之比，称为该级受热面的漏风系数，即：

$$\Delta \alpha = \frac{\Delta V}{V^0} \tag{3-25}$$

沿烟气流经炉膛后烟道中任一截面处的过量空气系数 α，可等于炉膛出口处的过量空气系数 α_1'' 与前面（炉膛出口与计算烟道截面间）各段烟道的漏风系数之和，即：

$$\alpha = \alpha_1'' + \sum \Delta \alpha \tag{3-26}$$

式中，α_1'' 为炉膛出口处的过量空气系数；$\sum \Delta \alpha$ 为炉膛出口与计算烟道截面间各段烟道的漏风系数之和。

空气预热器中空气侧压力较高，空气会有部分漏入烟气侧，故空气预热器进、出口空气侧的过量空气系数的关系为：

$$\beta_{ky}' = \beta_{ky}'' + \Delta \alpha_{ky} \tag{3-27}$$

式中，$\Delta \alpha_{ky}$ 为空气预热器的漏风系数；β_{ky}' 为空气预热器进口的过量空气系数；β_{ky}'' 为空气预热器出口的过量空气系数。

考虑炉膛及制粉系统的漏风，β_{ky}' 与 α_1'' 之间的关系为：

$$\beta_{ky}' = \alpha_1'' - \Delta \alpha_1 - \Delta \alpha_{zf} \tag{3-28}$$

式中，$\Delta \alpha_1$ 为炉膛漏风系数；$\Delta \alpha_{zf}$ 为制粉系统漏风系数。

二、燃烧产生的烟气量的计算

1. 理论烟气量

燃料中的可燃物质被全部燃烧干净，即燃烧生成的烟气中不再含有可燃物质时的燃烧称为完全燃烧。1kg（或标准状况下 1m³）收到基燃料在供给理论空气量的情况下完全燃烧后所产生的烟气量称为理论烟气量，用符号 V_y^0 表示，单位为 m³/kg（气体燃料为 m³/m³，标准状况下）。对于固体及液体燃料，理论烟气量可根据燃料中的可燃元素（碳、氢、硫）和空气中氧的化学反应进行计算，并以 1kg 燃料为计算基础。

燃料完全燃烧后，其中的可燃元素 C、H、S 分别形成 CO_2、H_2O 及 SO_2，空气中的 O_2 全部用于燃烧反应，剩下的惰性气体 N_2 则转入烟气中。因此理论烟气量应由 V_{CO_2}、V_{SO_2}、$V_{N_2}^0$（理论水蒸汽量）和 $V_{N_2}^0$（理论空气量中的氮气量）组成，即：

$$V_y^0 = V_{CO_2} + V_{SO_2} + V_{N_2}^0 + V_{H_2O}^0 \tag{3-29}$$

这种含有水蒸汽的烟气称为湿烟气。扣除水蒸汽后的理论干烟气量 V_{gy}^0 为：

$$V_{gy}^0 = V_{CO_2} + V_{SO_2} + V_{N_2}^0 \tag{3-30}$$

（1）理论氮气体积 $V_{N_2}^0$。理论烟气量中氮气有两个来源，一个是理论空气量所含的氮，另一个是燃烧时燃料本身释放出的氮。故理论氮气体积为：

$$V_{N_2}^0 = 0.79V^0 + \frac{22.4}{28} \times \frac{N_{ar}}{100} = 0.79V^0 + 0.8\frac{N_{ar}}{100} \quad (3-31)$$

（2）理论水蒸汽体积 $V_{H_2O}^0$。理论水蒸汽容积来源于以下四个方面：

1）燃料中氢气完全燃烧生成的水蒸汽，其体积为 $11.1\frac{H_{ar}}{100} = 0.111H_{ar}$。

2）燃料中水分蒸发形成的水蒸汽，其体积为 $\frac{22.4}{18} \times \frac{M_{ar}}{100} = 0.0124M_{ar}$。

3）随同理论空气量 V^0 带入的水蒸汽，其体积为 $\frac{22.4}{18} \times \frac{d}{1000} \times \rho_k V^0$。其中 d 为 1kg 干空气带入的水蒸汽量，一般 $d = 10$g/kg 干空气；ρ_k 为干空气密度，$\rho_k = 1.293$kg/m³（标准状况下）。因此，理论空气量带入的水蒸汽体积为 $0.0161V^0$。

4）燃用液体燃料时，如果采用蒸汽雾化燃油，燃烧后雾化蒸汽就成为烟气中水蒸汽的一部分，其数值 $\frac{22.4}{18} \times \frac{G_{wh}}{100} = 1.24G_{wh}$，$G_{wh}$ 为雾化燃油时消耗的蒸汽量，单位为 kg/kg。

因此，理论水蒸汽体积为：

$$V_{H_2O}^0 = 0.111H_{ar} + 0.0124M_{ar} + 0.0161V^0 + 1.24G_{wh} \quad (3-32)$$

（3）二氧化碳体积 V_{CO_2}。在循环流化床锅炉中，烟气中二氧化碳的来源主要为两个方面：一方面是燃料中的碳与空气中的氧完全反应，生成二氧化碳，其体积为 $1.866C_{ar}/100$；另一方面是脱硫剂碳酸钙反应放出的二氧化碳，其体积为 $0.7S_{ar}/100$。故烟气中二氧化碳体积为 $1.866C_{ar}/100 + 0.7S_{ar}/100$。

（4）二氧化硫体积 V_{SO_2}。在循环流化床锅炉中，燃料中的硫分和氧气完全燃烧后生成二氧化硫，其体积为 $0.7S_{ar}/100$，因生物质燃料中硫含量极低，通常二氧化硫体积可忽略。

则循环流化床锅炉的理论烟气量：

$$V_y^0 = 1.866\frac{C_{ar}}{100} + 0.79V^0 + 0.8\frac{N_{ar}}{100} + 0.7\frac{S_{ar}}{100} + 0.111H_{ar} + 0.0124M_{ar} + 1.24G_{wh} \quad (3-33)$$

2. 实际烟气量

（1）完全燃烧实际烟气量的组成成分及计算。锅炉中实际的燃烧过程是在过量空气系数 $\alpha > 1$ 的条件下进行的，此时的烟气量除了理论烟气量外，还增加了过量空气和随同这部分过量空气带进来的水蒸汽。

所以实际烟气量 V_y 为：

$$V_y = V_y^0 + (\alpha - 1)V^0 + 0.0161(\alpha - 1)V^0 = V_y^0 + 1.0161(\alpha - 1)V^0 \quad (3-34)$$

实际烟气量中扣除水蒸汽体积，就得到了实际干烟气量，即：

$$V_{gy} = V_{RO_2} + V_{N_2} + V_{O_2} = V_{gy}^0 + (\alpha - 1)V^0 \quad (3-35)$$

通常用 V_{RO_2} 表示 CO_2 和 SO_2 容积之和。

实际烟气量可写为：

$$V_y = V_{gy} + V_{H_2O} \quad (3-36)$$

上述烟气量的计算是以燃料完全燃烧为前提的，在这种情况下，燃料中的碳燃烧只生成

CO_2，硫燃烧只生成 SO_2，氢燃烧生成 H_2O。

（2）不完全燃烧实际烟气量的组成成分及计算。当燃烧过程不完全时，碳燃烧除生成 CO_2 外，还产生未完全燃烧产物 CO；烟气中也可能有未燃烧的氢和碳氢化合物 C_mH_n。不过在现代锅炉的燃烧设备中，烟气中 H_2 和 C_mH_n 的含量极少，可以忽略不计。因此，当燃料不完全燃烧时，可认为烟气中的不完全燃烧产物只有 CO。这时实际烟气量 V_y 的计算式为：

$$V_y = V_{RO_2} + V_{CO} + V_{N_2} + V_{O_2} + V_{H_2O} \tag{3-37}$$

但从碳的燃烧反应方程式可以看到，无论燃烧后全部生成 CO_2，还是 CO_2 和 CO 同时存在，碳的燃烧产物的总体积是不变的。对 1kg 燃料而言，

完全燃烧时：

$$V_{CO_2} = 1.866\frac{C_{ar}}{100}$$

不完全燃烧时：

$$V_{CO_2} + V_{CO} = 1.866\frac{C_{ar}}{100} \tag{3-38}$$

由此可见，如果不完全燃烧产物只有 CO，那么无论燃烧与否，烟气中碳的燃烧产物的总体积是不变的。

三、飞灰浓度的计算

燃烧生成的烟气量也可以用质量来表示。燃烧生成的烟气质量包括三部分：第一部分是燃烧后燃料本身转化为烟气的质量 $(1-A_{ar}/100)$；第二部分为 1kg 燃料燃烧时消耗的湿空气的质量 $(1+d/1000)\times1.293\alpha V^0$，一般取 $d=10g/kg$（干空气）；第三部分为雾化燃油消耗的蒸汽量 G_{wh}。则 1kg 收到基燃料燃烧生成的烟气质量 m_y 为：

$$m_y = 1 - \frac{A_{ar}}{100} + 1.306\alpha V^0 + G_{wh} \tag{3-39}$$

烟气中所含灰粒浓度对辐射换热也有影响，飞灰浓度 μ（kg/kg）指每千克烟气中的飞灰质量，即：

$$\mu = \frac{A_{ar}\alpha_{fh}}{100m_y} \tag{3-40}$$

式中，α_{fh} 为烟气携带出炉膛的飞灰占总灰的质量份额。

α_{fh} 的数值对不同类型的锅炉是不相同的。固态排渣炉，α_{fh} 大致为 0.95；液态排渣炉，α_{fh} 大致为 0.7～0.85；链条炉，α_{fh} 大致为 0.2；循环流化床锅炉，α_{fh} 大致为 0.2～0.5。

思考题

3.1　生物质燃料的化学特性指标包括哪些？

3.2　什么是燃料的元素分析和工业分析？

3.3　燃料的硫分、水分、灰分、挥发分对锅炉运行有什么影响？

3.4　燃料的成分基准有哪几种？不同基准之间如何换算？

3.5　高、低位发热量的差别是什么？

3.6　灰的性质主要指什么？

3.7　什么是理论空气量和理论烟气量？

3.8　什么是过量空气系数？

3.9 某燃料的工业分析为：Mar=3.84，A_d=10.35，V_{daf}=41.02，试计算它的收到基、干燥基、干燥无灰基的工业分析组成（要求熟练掌握收到基、干燥基、干燥无灰基之间的换算关系）。

3.10 某生物质燃料的元素分析与工业分析结果如下：

碳	C_{ad}	%	45.71
氢	H_{ad}	%	5.13
氧	O_{ad}	%	40.15
氮	N_{ad}	%	0.59
硫	S_{ad}	%	0.07
水分	M_{ad}	%	2.19
灰分	A_{ad}	%	6.17
挥发份	V_{ad}	%	72.07
固定碳	FC_{ad}	%	19.58
发热量	HHV_{ad}	kJ/kg	16837.50

试求：

（1）1kg 该燃料完全燃烧需要的理论空气量 V^0（建议逐个计算求和）；

（2）1kg 该燃料完全燃烧产生的理论烟气容积 V_y^0（建议逐个计算求和）；

（3）若过量空气系数 α=1.2，求实际烟气容积 V_y。

第四章　锅炉热平衡计算

锅炉机组热平衡是计算锅炉效率、分析影响锅炉效率的因素、提高锅炉效率途径的基础，也是锅炉效率试验的基础。本章主要论述锅炉热平衡概念、锅炉输入热量和有效利用热量，锅炉各项热损失及计算方法，锅炉效率及燃料消耗量计算。

第一节　锅炉热平衡

一、锅炉热平衡的概念

从能量平衡的观点来看，在稳定工况下，输入锅炉的热量应与输出锅炉的热量相平衡，锅炉的这种热量收、支平衡关系，就叫锅炉热平衡。输入锅炉的热量是指伴随燃料送入锅炉的热量；锅炉输出的热量可以分为两部分，一部分为有效利用热量，另一部分为各项热量损失。

锅炉热平衡是按 1kg 固体或液体燃料（对气体燃料则是标准状况下 $1m^3$）为基础进行计算的。在稳定工况下，锅炉热平衡方程式可写为：

$$Q_r = Q_1 + Q_2 + Q_3 + Q_4 + Q_5 + Q_6 \tag{4-1}$$

式中，Q_r 为 1kg 燃料的锅炉输入量，kJ/kg；Q_1 为锅炉的有效利用热量，kJ/kg；Q_2 为排烟损失的热量，kJ/kg；Q_3 为化学不完全燃烧损失的热量，kJ/kg；Q_4 为机械不完全燃烧损失的热量，kJ/kg；Q_5 为散热损失的热量，kJ/kg；Q_6 为灰渣物理热损失的热量，kJ/kg。

如果将式（4-1）的右面部分和左面部分都除以 Q_r，并表示成百分数，可建立以百分数表示的热平衡方程式，即：

$$100\% = q_1 + q_2 + q_3 + q_4 + q_5 + q_6 \quad \% \tag{4-2}$$

式中，q_1 为锅炉有效利用热量占输入热量的百分数，$q_1=Q_1/Q_r×100\%$；q_2 为排烟损失的热量占输入热量的百分数，$q_2=Q_2/Q_r×100\%$；q_3 为化学不完全燃烧损失的热量占输入热量的百分数，$q_3=Q_3/Q_r×100\%$；q_4 为机械不完全燃烧损失的热量占输入热量的百分数，$q_4=Q_4/Q_r×100\%$；q_5 为散热损失的热量占输入热量的百分数，$q_5=Q_5/Q_r×100\%$；q_6 为灰渣物理热损失占输入热量的百分数，$q_6=Q_6/Q_r×100\%$。

1kg 燃料输入锅炉的热量、锅炉有效利用热量和各项损失热量之间的平衡关系也可用图4-1来表示。图中热空气带入炉内的热量来自锅炉本身，是一股循环热量，故在热平衡中不予考虑。

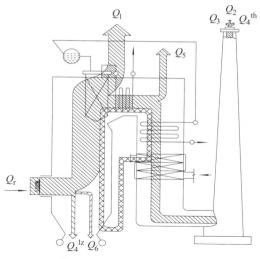

图 4-1 锅炉热平衡示意图

二、锅炉热平衡的意义

研究锅炉热平衡的意义，就在于弄清燃料中的热量有多少被有效利用，有多少变成热损失，以及热损失部分表现在哪些方面和大小如何，以便判断锅炉设计的运行水平，进而寻求提高锅炉经济性的有效途径。锅炉设备在运行中应定期进行热平衡试验（通常称热效率试验），以查明影响锅炉效率的主要因素，作为改进锅炉的依据。

第二节 锅炉输入热量和有效利用热量

一、锅炉输入热量

对应于 1kg 固体或液体燃料输入锅炉的热量 Q_r 包括燃料收到基低位发热量、燃料的物理显热、外来热源加热空气时带入的热量和雾化燃油所用蒸汽带入热量，即：

$$Q_r = Q_{ar,net,p} + i_r + Q_{wh} + Q_{wr} \tag{4-3}$$

式中，$Q_{ar,net,p}$ 为燃料收到基低位发热量，kJ/kg；i_r 为燃料的物理显热，kJ/kg；Q_{wh} 为雾化燃油所用蒸汽带入热量，kJ/kg；Q_{wr} 为外来热源加热空气时带入的热量，kJ/kg。

物理显热为：

$$i_r = c_{p,ar} \cdot t_r \tag{4-4}$$

式中，$c_{p,ar}$ 为燃料收到基的比定压热容，kJ/kg；t_r 为燃料的温度，℃。

当用外来热源加热燃料时（用蒸汽加热重油或蒸汽干燥器等）及开式系统使燃料干燥时，应计算此项，并根据燃料的炉前状态取用 t_{fu} 和燃料水分。若未经预热，则只有当 $M_{ar} \geqslant \dfrac{Q_{ar,net}}{630}$ 时才须计算，此时可取 $t_r = 20℃$。

固体燃料比热容 $c_{ar,fu}$ 为

$$c_{ar,fu} = c_{dr}\frac{100 - M_{ar}}{100} + 4.187\frac{M_{ar}}{100} \tag{4-5}$$

式中，c_{dr} 为燃料干燥基比热容。

重油的比热容 $c_{ar,ho}$：

$$c_{ar,ho} = 1.738 + 0.0025t_{ho} \tag{4-6}$$

式中，t_{ho} 为重油温度，℃。或近似取 $c_{ar,ho}=2.09$kJ/(kg·℃)。

当冷空气在进入锅炉之前采用外来热源进行加热时，如在前置预热器（暖风器）中用汽轮机抽汽加热空气，带入锅炉的热量可用式（4-7）计算：

$$Q_{wr} = \beta(h_{rk}^0 - h_{lk}^0) \tag{4-7}$$

式中，β 为暖风器的过量空气系数；h_{rk}^0、h_{lk}^0 为暖风器出入口处理论空气焓，kJ/kg。

用蒸汽雾化燃油带入的热量可按式（4-8）计算：

$$Q_{wh} = G_{wh}(h_{wh} - 2510) \tag{4-8}$$

式中，G_{wh} 为雾化燃油的汽耗量，kg（蒸汽）/kg（油）；h_{wh} 为雾化用蒸汽的焓，kJ/kg；2510 为雾化蒸汽随排烟离开锅炉时的焓，取其值等于汽化潜热，即 2510kJ/kg。

对于燃煤锅炉，如燃煤和空气都未利用外部热源进行预热，且燃煤水分 $M_{ar} < Q_{ar,net,p}/630$，则锅炉输入热量就等于燃煤收到基低位发热量，即：

$$Q_r = Q_{ar,net,p} \tag{4-9}$$

二、锅炉有效利用热量

锅炉有效利用热量包括过热蒸汽的吸热、再热蒸汽的吸热、饱和蒸汽的吸热和排污水的吸热。当锅炉不对外供应饱和蒸汽时，则单位时间内锅炉的总有效利用热量 Q 可按式（4-10）计算，即：

$$Q = D_{gr}(h_{gr}'' - h_{gs}) + D_{zr}(h_{zr}'' - h_{zr}') + D_{pw}(h_{pw} - h_{gs}) \tag{4-10}$$

式中，D_{gr}、D_{zr}、D_{pw} 为过热蒸汽、再热蒸汽、排污水的流量，kg/s；h_{gr}''、h_{gs} 为过热器出口蒸汽和锅炉给水的焓，kJ/kg；h_{zr}''、h_{zr}' 为再热器出、入口蒸汽的焓，kJ/kg；h_{pw} 为排污水的焓，它等于汽包压力下饱和水的焓，kJ/kg。

每千克燃料（对气体燃料为标准状况下每立方米）的有效利用热量 Q_1 可用式（4-11）计算：

$$Q_1 = \frac{Q}{B} = \frac{\left[D_{gr}(h_{gr}'' - h_{gs}) + D_{zr}(h_{zr}'' - h_{zr}') + D_{pw}(h_{pw} - h_{gs})\right]}{B} \tag{4-11}$$

式中，B 为锅炉的燃煤消耗量，kg/s。

当锅炉排污量不超过蒸发量的 2% 时，此时排污水热量可略去不计。

第三节　锅炉的各项热损失

一、机械不完全燃烧热损失

机械不完全燃烧热损失是由于灰中含有未燃尽的碳造成的热损失。

运行中的煤粉锅炉，机械不完全燃烧热损失是根据锅炉的飞灰量与灰渣量，以及飞灰和炉渣中可燃物含量的百分数来计算。

假定以 G_{fh}、G_{lz} 表示锅炉单位时间飞灰和炉渣的质量（包括其中未燃尽的碳）；以 C_{fh}、C_{lz} 表示飞灰和炉渣中可燃物含量的百分数；又知每千克碳的发热量为 32866kJ/kg；如果锅炉的燃料消耗量为 B(kg/s)，则由飞灰和炉渣引起的机械不完全燃烧热损失 q_4^{fh}、q_4^{lz} 为

$$q_4^{fh} = \frac{Q_4^{fh}}{Q_r} \times 100 = \frac{32866 \dfrac{G_{fh}}{B} \times \dfrac{C_{fh}}{100}}{Q_r} \times 100 = \frac{32866 G_{fh} C_{fh}}{B Q_r} \%$$

$$q_4^{lz} = \frac{Q_4^{lz}}{Q_r} \times 100 = \frac{32866 \dfrac{G_{lz}}{B} \times \dfrac{C_{lz}}{100}}{Q_r} \times 100 = \frac{32866 G_{lz} C_{lz}}{B Q_r} \%$$

总的机械不完全燃烧热损失 q_4 为：

$$q_4 = q_4^{fh} + q_4^{lz} = \frac{32866}{B Q_r}(G_{fh} C_{fh} + G_{lz} C_{lz}) \% \tag{4-12}$$

对于大容量锅炉，常采用水力除灰，飞灰量和炉渣量都难以称量，一般可借助锅炉的试验统计资料，用灰平衡方程求得。灰平衡是指进入炉内燃料的总灰量应该等于飞灰和灰渣中的灰量之和。已知燃料中灰分为 A_{ar}，当以 A_{fh} 和 A_{lz} 分别表示飞灰 G_{fh} 和炉渣 G_{lz} 中纯灰的质量含量百分数时，则灰平衡方程为

$$B \frac{A_{ar}}{100} = G_{fh} \frac{A_{fh}}{100} + G_{lz} \frac{A_{lz}}{100} \tag{4-13}$$

因 $A_{fh} + C_{fh} = 100$；$A_{lz} + C_{lz} = 100$；所以 $A_{fh} = 100 - C_{fh}$；$A_{lz} = 100 - C_{lz}$。将其带入式（4-13）可得

$$B \frac{A_{ar}}{100} = G_{fh} \frac{100 - C_{fh}}{100} + G_{lz} \frac{100 - C_{lz}}{100}$$

将上式两边同时除以总灰量 $B\dfrac{A_{ar}}{100}$，可得

$$1 = \frac{G_{fh}(100 - C_{fh})}{B A_{ar}} + \frac{G_{lz}(100 - C_{lz})}{B A_{ar}}$$

$$\left. \begin{array}{l} \alpha_{fh} = \dfrac{G_{fh}(100 - C_{fh})}{B A_{ar}} \\[3mm] \alpha_{lz} = \dfrac{G_{lz}(100 - C_{lz})}{B A_{ar}} \end{array} \right\} \tag{4-14}$$

则
$$\alpha_{fh} + \alpha_{lz} = 1$$

α_{fh} 和 α_{lz} 表示飞灰和炉渣中灰量占燃料总灰量的份额，分别称为飞灰份额和炉渣份额。对于不同类型的锅炉，飞灰份额和炉渣份额已有比较丰富的统计数据可供参考。对于固体排渣煤粉炉，飞灰份额和炉渣份额的推荐值分别为 $\alpha_{fh}=0.90 \sim 0.95$，$\alpha_{lz}=0.05 \sim 0.10$。

在 α_{fh} 和 α_{lz} 已知的情况下，可由式（4-14）求得 α_{fh} 和 α_{lz}：

$$G_{fh} = \frac{\alpha_{fh}BA_{ar}}{100 - C_{fh}}$$

$$G_{lz} = \frac{\alpha_{lz}BA_{ar}}{100 - C_{lz}}$$

将上面两式带入式（4-12）中，可得的近似计算式如下：

$$q_4 = \frac{32866A_{ar}}{Q_r}\left(\frac{\alpha_{fh}C_{fh}}{100 - C_{fh}} + \frac{\alpha_{lz}C_{lz}}{100 - C_{lz}}\right) \tag{4-15}$$

对于流化床锅炉，机械不完全燃烧热损失的近似计算式为：

$$q_4 = \frac{32866A_{ar}}{Q_r}\left(\alpha_{yl}\frac{C_{ly}}{100 - C_{ly}} + \alpha_{lh}\frac{C_{lh}}{100 - C_{lh}} + \alpha_{yh}\frac{C_{yh}}{100 - C_{yh}} + \alpha_{fh}\frac{C_{fh}}{100 - C_{fh}}\right)\%$$

$$\alpha_{yl} + \alpha_{lh} + \alpha_{yh} + \alpha_{fh} = 1 \tag{4-16}$$

上式中的 α_{yl}、α_{lh}、α_{yh}、α_{fh} 分别为溢流灰、冷灰或冷灰斗灰渣、烟道灰、飞灰中的灰量占入炉燃料总灰分的质量份额，α_{yl}、α_{lh}、α_{yh}、α_{fh} 分别为溢流灰、冷灰或冷灰斗灰渣、烟道灰、飞灰中可燃物含量的百分数。

机械不完全燃烧热损失 q_4 是燃煤锅炉的主要热损失之一，通常仅次于排烟热损失。影响机械不完全燃烧热损失 q_4 的主要因素有：燃烧方式、燃料性质、煤粉细度、过量空气系数、炉膛结构以及运行工况等。不同燃烧方式的 q_4 数值差别很大，层煤炉、沸腾炉损失较大，旋风炉较小，煤粉炉介于两者之间。煤中灰分和水分越多，挥发分含量越少，煤粉越粗，则 q_4 越大；在燃料性质相同的情况下，炉膛结构合理（有适当的高度和空间），燃烧器结构性能好、布置适当，配风合理，气粉有较好的混合条件和较长的炉内停留时间，则 q_4 较小；炉内过量空气系数要适当，运行中过量空气系数减小时，一般会导致 q_4 增大；炉膛温度较高时，q_4 较小；锅炉负荷过高将使煤粉来不及在炉内烧透，负荷过低，则炉温降低，都会导致 q_4 增大。

二、化学不完全燃烧热损失

化学不完全燃烧热损失是由于烟气中含有可燃气体造成的热损失。这些气体主要是一氧化碳，另外还有微量的氢和甲烷等。

对运行中的锅炉，q_3 的计算式如下：

$$\begin{aligned} q_3 &= \frac{Q_3}{Q_r} \times 100 = \frac{12640V_{CO} + 10800V_{H_2} + 35820V_{CH_4}}{Q_r}\left(\frac{100 - q_4}{100}\right) \times 100 \\ &= \frac{V_{gy}}{Q_r}(126.4CO + 108H_2 + 358.2H_4)(100 - q_4)\% \end{aligned} \tag{4-17}$$

式中，12640 为一氧化碳容积发热量，kJ/m³（标准状况下）；10800 为氢气容积发热量，kJ/m³

（标准状况下）；35820 为甲烷容积发热量，kJ/m^3（标准状况下）；V_{CO} 为 1kg 燃料燃烧生成烟气中的一氧化碳的分容积，m^3/kg（标准状况下）；V_{H_2} 为 1kg 燃料燃烧生成烟气中的氢气的分容积，m^3/kg（标准状况下）；V_{CH_4} 为 1kg 燃料燃烧生成烟气中的甲烷的分容积，m^3/kg（标准状况下）；V_{gy} 为干烟气容积，m^3/kg（标准状况下）；CO、H_2、CH_4 为烟气中一氧化碳容积、氢气容积、甲烷容积占干烟气容积的百分数，%；$\dfrac{100-q_4}{100}$ 为考虑到 q_4 的存在，1kg 燃料中有一部分燃料并没有参与燃烧及生成烟气，故应对烟气中的一氧化碳的容积进行修正。

当燃用固体燃料时，考虑到烟气中 H_2、CH_4 等可燃气体的含量极微，为了简化计算，可认为烟气中的可燃气体只是 CO，则式（4-17）可写成

$$q_3 = \frac{V_{gy}}{Q_r}(126.4CO)(100-q_4)\% \tag{4-18}$$

将 $V_{gy} = 1.866\dfrac{C_{ar}+0.375S_{ar}}{RO_2+CO}$ 代入式（4-18）可得：

$$\begin{aligned} q_3 &= 126.4\frac{CO}{Q_r}\left(1.866\frac{C_{ar}+0.375S_{ar}}{RO_2+CO}\right)(100-q_4) \\ &= 236\frac{C_{ar}+0.375S_{ar}}{Q_r} \times \frac{CO}{RO_2+CO}(100-q_4)\% \end{aligned} \tag{4-19}$$

化学不完全燃烧热损失是由于烟气中存在可燃气体造成的。因此，烟气中可燃气体含量越多，q_3 越大。影响烟气中可燃气体含量的主要因素是：炉内过量空气系数，燃料挥发分含量，炉膛温度以及炉内空气动力工况等。一般来说，炉内过量空气系数小，氧气供应不足，会造成 q_3 的增加，过量空气系数过大，又会导致炉温降低；燃料挥发分含量较高，其 q_3 相对较大；炉膛温度过低时，燃料的燃烧速度较慢，此时烟气中的 CO 来不及燃烧就离开炉膛，会使 q_3 相应增加。此外，炉膛结构及燃烧器布置不合理，炉膛内有死角或燃料在炉膛内停留时间过短，都会导致 q_3 增大。

在进行锅炉设计计算时，q_3 可在下述经验数据中选用：

固态排渣和液态排渣煤粉炉 $q_3=0\%$

燃油炉、燃气炉 $q_3=0.5\%$

烧高炉煤气的锅炉 $q_3=1.5\%$

锅炉运行时，可按式（4-17）～（4-19）进行计算，其中 RO_2、H_2、CO、CH_4 均由烟气分析仪测出。

三、排烟热损失

锅炉排烟热损失是由于排烟温度高于外界空气温度所造成的热损失。在室燃炉的各项热损失中，排烟热损失 q_2 是最大的一项，为 4%～8%。

排烟热损失 q_2 等于排烟焓值与进入锅炉的冷空气焓值的差，其计算式如下：

$$q_2 = \frac{Q_2}{Q_r} \times 100 = \frac{h_{py} - \alpha_{py}h_{lk}^0}{Q_r} \times \frac{100 - q_4}{100} \times 100$$

$$= \frac{h_{py} - \alpha_{py}h_{lk}^0}{Q_r}(100 - q_4)\%$$

(4-20)

式中，h_{py} 为排烟的焓，kJ/kg；α_{py} 为烟气侧空气预热器出口的过量空气系数；h_{lk}^0 为理论冷空气的焓，kJ/kg。

影响排烟热损失 q_2 的主要因素是排烟焓的大小，而排烟焓又取决于排烟容积和排烟温度。排烟温度越高，排烟容积越大，则排烟热损失 q_2 也就越大。一般排烟温度提高 15～20℃，q_2 约增 1%。

降低锅炉的排烟温度，可以降低排烟热损失，但是要降低排烟温度，就要增加锅炉的尾部受热面积，因而增大了锅炉的金属耗量和烟气流动阻力；另一方面，温度太低会引起锅炉尾部受热面的低温腐蚀，因而也不允许排烟温度降得过低。特别在燃用硫分较高的燃料时，排烟温度还应适当保持高一些。近代大型电厂锅炉的排烟温度约为 110～160℃。排烟容积的大小取决于炉内过量空气系数和锅炉漏风量。过量空气系数越小，漏风量越小，则排烟容积越小。但过量空气系数的减小，常会引起 q_3 和 q_4 的增大，所以最合理的过量空气系数（称为最佳过量空气系数）应使 q_2、q_3、q_4 之和为最小。最佳过量空气系数的值可用图 4-2 的曲线求得。

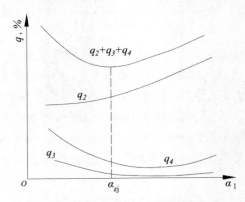

图 4-2   最佳过量空气系数的确定

锅炉在运行中，受热面积灰、结渣等会使传热减弱，促使排烟温度升高。因此，锅炉在运行中应及时地吹灰打渣，经常保持受热面的清洁。

炉膛及烟道漏风，不仅会增大烟气容积，漏入烟道的冷空气还会使漏风点处的烟气温度降低，从而使漏风点以后所有受热面的传热量都减小，所以漏风还会使排烟温度升高。漏风点越靠近炉膛，对排烟温度升高的影响越大。因此，尽量减少炉膛及烟道的漏风，也是降低排烟热损失的一个重要措施。

四、散热损失

1. 散热损失分析
锅炉在运行中，汽包、联箱、汽水管道、炉墙等的温度均高于外界空气的温度，这样就会通过自然对流和辐射向周围散热，形成锅炉的散热损失。

由于锅炉的散热损失通过试验来测定是比较困难的，所以通常是根据大量的经验数据绘制出锅炉额定蒸发量 D_e 与散热损失 q_5^e 的关系曲线，如图 4-3 所示。已知锅炉额定蒸发量，即可由图 4-3 查出额定蒸发量下的散热损失 q_5^e。当锅炉额定蒸发量大于 900t/h，按 0.2%计算。

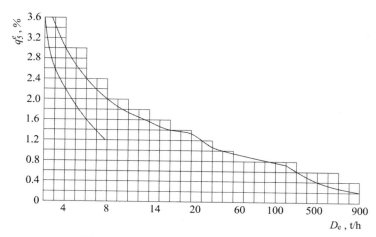

图 4-3　锅炉额定蒸发量 D_e 下的散热损失

当锅炉在非额定蒸发量下运行时，由于锅炉外表面的温度变化不大，锅炉总的散热量也就变化不大。但相对于 1kg 燃料的散热量 Q_5 却有明显变化。可以近似地认为散热损失是与锅炉运行负荷成反比变化的，即锅炉在非额定蒸发量下的散热损失可按式（4-21）计算：

$$q_5 = q_5^e \frac{D_e}{D} \% \qquad (4\text{-}21)$$

式中，q_5^e 为锅炉额定蒸发量下的散热损失，%；q_5 为锅炉实际蒸发量下的散热损失，%；D_e 为锅炉额定蒸发量，kg/s；D 为锅炉实际蒸发量，kg/s；

影响散热损失的主要因素：锅炉额定蒸发量（即锅炉容量）、锅炉实际蒸发量（即锅炉负荷）、锅炉外表面积、水冷壁和炉墙结构、周围空气温度等。

由图 4-3 可知，锅炉容量增大时，额定蒸发量下的散热损失减小。这是因为锅炉容量增大时，燃料消耗量大致成正比地增加，而锅炉的外表面积却增加较慢，这样对应于单位燃料消耗量的锅炉外表面积是减少的，所以锅炉容量越大，散热损失 q_5 就越小。对同一台锅炉来说，当锅炉运行负荷降低时，散热损失就相对增大。

若水冷壁和炉墙等结构严密紧凑，炉墙及管道的保温良好，外界空气温度高且流动缓慢，则散热损失小。

2. 保热系数

锅炉热力计算时，要涉及各段受热面所在烟道的散热损失。为了简化计算，忽略了各段烟道在结构以及所处环境上的差别，而假定各段烟道的散热损失仅与该烟道中烟气传给受热面的热量成正比，并用保热系数 φ 来表示：

$$\varphi = \frac{受热面传给工质的热量}{烟气放热量}$$

$$= \frac{受热面传给工质的热量}{受热面传给工质的热量+烟道的散热量}$$

则

$$1-\varphi = \frac{烟道的散热量}{烟气放热量}$$

由此可见，保热系数 φ 表示在烟道中烟气放出的热量被受热面吸收的程度。$1-\varphi$ 则表示受热面所在烟道的散热程度，称散热系数。计算各段烟道的保热系数可取为同一数值，并可按整台锅炉的保热系数来计算，即：

$$\varphi = \frac{Q_1 + Q_{ky}}{Q_1 + Q_{ky} + Q_5} \tag{4-22}$$

式中，Q_1 为锅炉有效利用热量。kJ/kg；Q_5 为散热损失的热量，kJ/kg；Q_{ky} 为空气预热器吸收热量，kJ/kg。

当锅炉没有空气预热器或空气预热器的吸热量相对锅炉有效利用热量 Q_1 很小时，保热系数即为：

$$\varphi = 1 - \frac{q_5}{\eta + q_5} \tag{4-23}$$

式中，η 为锅炉机组效率。

利用保热系数 φ，知道某受热烟气侧放热量就可以算出工质侧吸收热量，或者知道工质侧的吸热量就可以求出烟气侧的放热量。

五、灰渣物理热损失

锅炉炉渣排出炉外时带出的热量，形成灰渣物理热损失，其计算式如下：

$$q_6 = \frac{A_{ar}\alpha_{lz}c_h \upsilon \vartheta_h}{Q_r}\% \tag{4-24}$$

式中，A_{ar} 为收到基燃料灰分，%；α_{lz} 为炉渣份额，%；c_h 为炉渣比热容，kJ/(kg·℃)；ϑ_h 为灰渣温度，固态排渣时可取为 600℃，液态排渣时取灰的流动温度 FT 再加 100℃。

灰渣物理热损失的大小主要与燃料中灰含量的多少、炉渣中纯灰量占燃料总灰量的份额以及炉渣温度高低有关。简言之，q_6 的大小主要决定于排渣量和排渣温度。煤粉锅炉排渣量、排渣温度主要与排渣方式有关，固态排渣煤粉炉的渣量较小，液态排渣煤粉炉的渣量较大；液态排渣煤粉炉的排渣温度要比固态排渣煤粉炉的排渣温度高得多，所以在液态排渣煤粉炉的 q_6 必须考虑。而对于固态排渣煤粉炉，只有当灰分很高时，即 $A_{ar} \geq \dfrac{Q_{ar,net,p}}{419}\%$ 时才考虑。

第四节 锅炉效率及燃料消耗量计算

一、锅炉效率的计算方法

锅炉效率可以通过两种测验方法得出。一种方法是测定输入热量 Q_r 和有效利用热量 Q_1 计算锅炉效率，称为正平衡求效率法或直接求效率法。用正平衡法求锅炉效率就是求出锅炉有效利用热量占输入热量的百分数，即：

$$\eta = q_1 = \frac{Q_1}{Q_r} \times 100\% \tag{4-25}$$

正平衡法求效率方法简单，对于效率较低的（如 $\eta < 80\%$）工业锅炉比较准确。

另一种方法是测定锅炉的各项热损失 q_2、q_3、q_4、q_5、q_6 后再计算锅炉效率，称为反平衡求效率法或间接求效率法。用反平衡法可以根据式（4-2）求出锅炉效率，即：

$$\eta = q_1 = 100 - (q_2 + q_3 + q_4 + q_5 + q_6)\% \tag{4-26}$$

目前电厂锅炉常用反平衡求效率。这一方面是因为大容量锅炉用正平衡法求效率时，燃料消耗量的测量相当困难，以及在有效利用热量的测定上常会引入较大的误差，因此不如利用反平衡法求效率更为方便和准确；另一方面是通过各项热损失的测定和分析，可以找出提高锅炉效率的途径；此外，正平衡法要求比较长时间的保持锅炉稳定工况，这也是比较困难的。

二、锅炉燃料消耗量

1. 实际燃料消耗量

实际燃料消耗量是指单位时间内实际耗用的燃料量，用符号 B 表示，单位为 kg/s 或 t/h，并根据式（4-11）和式（4-25）写成式（4-27），即

$$
\begin{aligned}
B &= \frac{Q}{Q_r \cdot \eta} \times 100 \\
&= \frac{Q}{Q_r \cdot \eta} \left[D_{gr}(h''_{gr} - h_{gs}) + D_{zr}(h''_{zr} - h'_{zr}) + D_{pw}(h_{pw} - h_{gs}) \right]
\end{aligned}
\tag{4-27}
$$

对于大容量燃煤锅炉，考虑到燃料消耗量难预测准，故通常是在计算锅炉输入热量 Q_r，锅炉的有效利用热量 Q 并按照反平衡法求出锅炉效率的基础上，用式（4-27）求出燃料消耗量 B。

2. 计算燃料消耗量

计算燃料消耗量是指扣除了机械不完全燃烧损失 q_4 后，在炉内实际参与燃烧反应的燃料消耗量，用符号 B_j 表示。由于 1kg 入炉燃料只有$(1-q_4/100)$燃料参与燃烧反应，所以它与燃料消耗量 B 之间存在如下关系：

$$B_j = B\left(1 - \frac{q_4}{100}\right) \tag{4-28}$$

两种燃料消耗量各有不同用途，在进行燃料输送系统和制粉系统计算时要用到燃料消耗量 B；但在确定空气量及烟气容积等时则要按计算燃料消耗量 B_j 进行计算。

思考题

4.1 锅炉的输入热量包括哪几项？

4.2 锅炉主要热损失有哪几项？

4.3 排烟热损失 q_2 的确定需测定哪几项参数？

4.4 最佳过量空气系数是如何确定的？

4.5 散热损失和锅炉容量之间的关系是怎样的？

4.6 锅炉效率及燃料消耗量怎样计算？

第五章　循环流化床内的气固两相流动

循环流化床中的物质可分为两部分，即流体介质和粉体颗粒。在流体介质的作用下，固体颗粒也能表现出类似流体的一些宏观特性，即流态化或流化。

循环流化床流体动力特性是指循环流化床中的流体介质与固体颗粒之间相互作用及其运动所表现出来的规律性。对燃煤循环流化床锅炉而言，流体介质即为气体（包括空气和烟气），固体颗粒即为床料（包括煤粒和灰粒等）。燃煤循环流化床所特有的流体动力特性决定了循环流化床锅炉在燃烧与传热、污染控制与排放，设计计算以及运行操作等方面具有显著的特点。为了实现循环流化床锅炉的优化设计，保证锅炉的正常运行，必须对其内部的流体动力物性有充分的认识和了解。

第一节　粉体颗粒的物理特性

由粉体颗粒组成的流化床层特性与粉体颗粒的物理特性密切相关，其中颗粒的粒径、形状因子、粒径分布及堆积特性最重要。

一、单颗粒的物理特性

1. 单颗粒的大小

球状均匀颗粒的大小可用直径表示，其他不规则形状的颗粒大小通常用一个具有代表性的几何尺寸来表示。该尺寸应最能体现这个颗粒在所应用场合中的作用。用来表示不规则颗粒大小的尺寸称"当量球径"或"等效直径"。

根据考察目的、测试方法和计算方法的不同，对同一颗粒可有多种不同的"当量球径"。如一个砂粒的直径可有 8 种不同的结果（图 5-1），即最大长度直径、最小长度直径、平均长度直径（图中无）、等效沉降速率直径、筛分直径、等效表面积直径、等效体积直径、等效质量直径。根据不同的目的可选用不同的测试方法和计算方法。

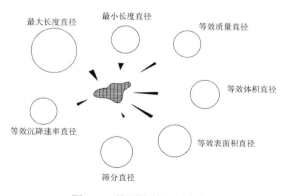

图 5-1　单颗粒的不同直径

流化床锅炉的床料常用的等效直径有以下四种：

（1）体积直径 d_V。体积直径是与待测颗粒具有相同的体积 V_p 的假想圆球直径，可表示为：

$$d_V = \frac{1}{3}\frac{6V_p}{\pi} \qquad (5\text{-}1)$$

（2）面积直径 d_S。面积直径是与待测颗粒具有相同外表面积 S 的圆球直径，可表示为：

$$d_s = \sqrt{\frac{S}{\pi}} \qquad (5\text{-}2)$$

（3）面积体积直径 d_{SV}。面积体积直径是与待测颗粒具有相同的体积和外表面积比的圆球直径，可表示为：

$$d_{SV} = \frac{6V_P}{S} = \frac{6}{a} \qquad (5\text{-}3)$$

式中，a 为比表面积。

（4）筛分直径 d_p。筛分直径是颗粒可以通过的最小方筛孔的宽度。

2. 颗粒的形状因子

除了粒子尺寸大小外，粒子形状对其运动也有很大影响。这里引入形状系数作为描述粒子形状的参数，一般采用球形度 Φ_p 来表示。

粒子球形度 Φ_p 定义为：与颗粒等体积球的表面积与颗粒表面积的比值，即：

$$\Phi_p = \left(\frac{d_V}{d_S}\right)^2 = \frac{d_{SV}}{d_V}$$

对于球形颗粒，$\Phi_p=1$；对于其他形状粒子，$0<\Phi_p<1$。

统计数据表明，$d_V \approx d_p$。由于 d_p 测定方便，因而常用 $d_{SV}=\Phi d_p$。在固定床及流化床的研究工作中，把 Φd_p 的乘积看作一个单独参数。

球形度值虽然非常重要，但是要精确地取其数值却比较困难，原因在于颗粒的表面积不易测定。测定表面积的方法有吸附法和渗透法。由于篇幅所限，这里不再叙述，可参考有关专著。测定流态化所用颗粒球形度的常用方法为床层压降法，方法是测定固定床在层流范围内的压力降，然后采用 Ergun 公式计算。典型非球形颗粒的球形度数据见表 5-1。

表 5-1　典型非球形颗粒的球形度数据

物料	形状	球形度	物料	形状	球形度
原煤粒	大约 10mm	0.65	砂	平均值	0.75
破碎煤粉	—	0.73	硬砂	尖角状	0.65
烟道飞灰	熔融球状	0.89	硬砂	尖片状	0.43
烟道飞灰	熔融聚集状	0.55	渥太华砂	接近球形	0.95
碎玻璃屑	尖角状	0.65	砂	无棱角	0.83
鞍形填料	—	0.3	砂	有棱角	0.73
拉西环	—	0.3	钨粉	—	0.89

实际上，球形度表征的是非球形粒子与球形粒子之间的差别，通过它就能将各种非球形粒子作为球形粒子来处理。球形度与非球形粒子粒径的乘积称为当量球形粒径,简称当量粒径。通过球形度将非球形粒子转化为粒径为当量粒径的球形颗粒，从而可以采用球形粒子进行试验归纳出来的各种关系式，很方便地推广到由非球形粒子组成的颗粒系统中去，只要把适用于球形粒子的关系式中的粒径换成当量粒径即可。但必须指出，将非球形粒子的系统折算成球形粒子的系统，只能按照某种特性关系或性质进行折算。而这种折算的结果，从根本上说是不可任意地扩大到其他性质的关系式中去的。所以，球形度、当量粒径是解决非球形粒子系统的办法，但也绝不能因此而替代非球形粒子系统各种性质或规律的具体研究。

二、粉体颗粒群的物理特性

1. 颗粒粒径分布

流化床锅炉中遇到的颗粒通常都是一定尺寸范围内大小不同颗粒的混合体，即所谓的颗粒群，呈现不同粒度的宽筛分分布。流化床层物料的粒径大小及分布对于分析流化工况和流化质量十分重要。

颗粒群的粒径分布一般有三种表示形式，即表格、图示和函数式。表格通常是粒径分布测量过程记录数据的一种形式;图示则是将测量数据依据考查的目的绘制成二维曲线的表达形式，通常是绘制累积率或频率与颗粒粒径的关系曲线，图示法表示粒径的分布规律比较直观;函数式是用方程的形式表示颗粒群粒径的分布规律。

（1）粒径分布函数。函数式是粒径分布最精确的描述，通常采用累积率函数和频率函数来表示颗粒群粒径分布的规律。

累积率 $D(\delta)$ 又称为筛下累积率，其意义为粒径小于 δ 的颗粒数占总颗粒数的份额。当用筛分法测量粒径分布时，表示筛下颗粒数占总颗粒数的份额，通常用质量百分数表示。相应地定义筛上累积率 $R(\delta)$，表示粒径大于 δ 的颗粒数占总颗粒数的份额，即筛下颗粒数占总颗粒数的份额。频率 $f(\delta)$ 表示包括粒径 δ 在内的微小区段内颗粒数占总颗粒数的份额，它反映颗粒群中不同粒径颗粒的占有情况。

常用函数形式有正态分布、对数正态分布、Weibull 分布、Rosin-Rammler（简称 RR）分布等。其中 RR 分布适应范围很广，其表达式为:

$$D(\delta) = 1 - \exp(-\beta\delta^n) \tag{5-4}$$

$$f(\delta) = \frac{\mathrm{d}D(\delta)}{\mathrm{d}\delta} = n\beta\delta^{n-1}\exp(-\beta\delta^n) \tag{5-5}$$

显然
$$D(\delta) + R(\delta) = 1 \tag{5-6}$$

式中，β 为常数，表示颗粒群粗细程度，β 越大，颗粒越细;N 为分布指数，表示粒径分布范围的宽窄程度，n 越大，粒径分布就越窄，对于粉尘及粉碎产物，n 通常 $\leqslant 1$。

这种分布函数较为简单，适用于机械破碎或粉碎所得的颗粒。实测资料表明，在 RR 分布中 β 和 n 之间有一定的内在联系，当 n 较大时，β 较小。

一般来说，由物体破碎和分选等机械中产生的颗粒比较粗大，且粒径分布范围广;由燃烧等化学反应产生的烟尘则较细，其粒径分布范围窄。对于流化床的各种粉尘的粒径分布进行回归处理，得到的结论是这些粉尘的粒径分布与 RR 分布吻合较好。因此，对于循环流化床中所用的煤粒、飞灰物料、石灰石等均可优先采用 RR 分布函数表示，如图 5-2 所示。

得到分布函数后，为了更加直观地了解颗粒群的粒径分布情况，常用曲线来表示，如图 5-3 所示。

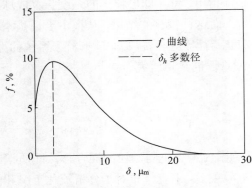

图 5-2　粒径的频率分布曲线

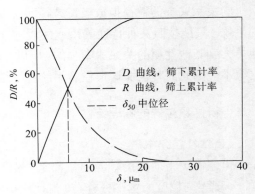

图 5-3　累积率分布曲线

（2）代表粒径。在代表颗粒群粒径分布规律的频率及累积率分布曲线上，几个常用的特殊点如下：

1）多数径。多数径是指最大分布密度的粒径，用 δ_h 表示。在该点处，$f(\delta)$ 曲线呈最大值，即有：

$$\frac{\mathrm{d}f(\delta)}{\mathrm{d}\delta} = \frac{\mathrm{d}^2 D(\delta)}{\mathrm{d}\delta^2} = 0$$

该点又是 D 曲线或 R 曲线上的拐点。

2）中位径。中位径是指累积率 $D=0.5$ 处的粒径，用 δ_{50} 表示，常用于颗粒分离和分级方面的研究。

3）平均粒径。平均粒是指颗粒粒径的某种统计平均值。

各种平均粒径被用来定量地表达多分散粉体颗粒的大小，各种平均粒径值都是基于某一物理概念或由粒径分布的某一集中趋势定义的。在流态化研究中常采用以下两种平均粒径。

①比表面积粒径。比表面积粒径是单位体积的粉体颗粒总表面积的当量直径。在某一球形颗粒组成的样本中，直径 $d_{p,i}$ 的 N_i 个颗粒的总表面积与总体积之比为比表面积 a_i，即：

$$a_i = \frac{\pi N_i d_{p,i}^2}{\frac{\pi}{6} N_i d_{p,i}^3} = \frac{6}{d_{p,i}} \tag{5-7}$$

对全部样本的平均比表面积 $\bar{a}$ 为：

$$\bar{a} = \sum_i x_i a_i = \frac{6}{d_p} \tag{5-8}$$

式中，x_i 为直径为 d_i 的颗粒质量百分数；$\bar{d}_p$ 为全部样本的平均直径。

将式（5-7）代入式（5-8）中可得平均粒径，即：

$$\overline{d_p} = \frac{1}{\sum_i \frac{x_i}{d_{p,i}}} \qquad (5\text{-}9)$$

用上式计算平均粒径时，$d_{p,i}$ 值可由筛分法得到；对非球形颗粒，用 $\Phi_p d_{p,i}$ 代替 $d_{p,i}$。

②几何平均粒径（又称为中位数值粒径）的计算式为：

$$\overline{d_p} = (d_{p,1}^{x_1} \cdot d_{p,2}^{x_2} \cdots d_{p,i}^{x_i})^{\frac{1}{m}} \qquad (5\text{-}10)$$

式中，m 为样本总质量。

若以对数表示，则有：

$$\lg \overline{d_p} = \frac{1}{m} \sum_i (x_i \lg d_{p,i}) \qquad (5\text{-}11)$$

所以，几何平均粒径也为对数意义上的算术平均粒径。

对非球形颗粒，用 $\Phi_p d_{p,i}$ 代替 $d_{p,i}$。实际上，此乘积对于颗粒混合物来说，是唯一能恰当地表示其粒径和形状特性的量。

对同一粉体样本，同种平均粒径的大小有时相差悬殊。在工程技术上，一般要指明所采用的平均粒径，比较试验结果或引用关联式时也应注意，否则会得出不准确的结论。

2. 颗粒粒径及分布的测定

颗粒粒径及公布的测定方法很多。由于采用的原理不同，所测得的粒径范围及参数也不相同，应根据使用目的和方法的适应性做出选择。测定及表达粒径的方法可分为长度、质量、横截面、表面积及体积五类。由于粒径测定的结果与测定方法及表示法有关，因此，测定的结果应指明测定方法与表示法。下面简要介绍常用的筛分法。

筛分法是粒径分布测量中使用早、应用广、最简单和快速的方法。一般大于 40μm 的固体颗粒可用筛网来分级，筛分法是让粉尘试样通过一系列不同筛孔的标准筛，将其分离成若干个粒级，分别称量，求得以质量百分数表示的粒度分布，筛网开孔大小有各种标准，中国常用泰勒标准，与美、英、日等国十分接近。泰勒标准筛以每英寸筛网长度上的筛孔数来表示不同大小的筛孔，称为目。泰勒标准筛的目数和孔径见表 5-2。

表 5-2 泰勒标准筛的目数和孔径

目数	孔径/mm	目数	孔径/mm	目数	孔径/mm
3	6.680	14	1.168	100	0.147
4	4.699	20	0.833	150	0.104
6	3.327	35	0.417	200	0.074
8	2.362	48	0.295	270	0.053
10	1.651	65	0.208	400	0.038

筛分时，影响测量结果的因素很多，较重要的有颗粒的物理性质、筛面上颗粒的数量、颗粒的几何形状、操作方法、操作的持续时间和取样方法等。应注意如下几个问题：

（1）筛面上试样尽可能少，粗粒称样取 100～150g，细粒称样取 40～60g。

（2）筛分时间一般不超过 10min。

（3）要采用标准规定的操作方法，如手筛时，应将筛子稍稍倾斜一些，用手拍打，150

次/min，每打 25 次后将筛子转 1/8 圈。

（4）一般采用干法过筛，物料应烘干，有时也可加入 1%分散剂，以减少颗粒的团聚。对于很易团聚的物料，可用湿法筛分。

（5）若筛分的各粒级质量与原试样质量差大于 0.5%～1%，应重新筛分。

3. 颗粒密度

颗粒密度是单位体积颗粒的质量。由于颗粒与颗粒之间存在着空隙，颗粒本身还会有内孔隙，所以颗粒的密度有真密度、表观密度、堆积密度等不同的定义。

（1）真密度 ρ_s。颗粒质量除以不包括内孔的颗粒的体积。它是组成颗粒材料本身的真实密度。

（2）视密度 ρ_p。视密度是指包括内孔的颗粒的密度。

（3）颗粒群的堆积密度。颗粒群的颗粒与颗粒间有许多空隙，在颗粒群自然堆积时，单位体积的质量就是堆积密度，记为 ρ_b。根据测定方法不同，堆积密度又分为充气密度、沉降密度或自由堆积密度和压紧密度。一般有：

$$\rho_b = (1-\varepsilon)\rho_p \tag{5-12}$$

式中，ε 为空隙率，视颗粒形状、大小及堆积方式而定。

显然，堆积密度不仅包括了颗粒的内孔，而且包括了颗粒之间堆积时的空隙。在工业应用中堆放和运输物料时，堆积密度是具有实用价值的。

4. 空隙率与颗粒浓度

设流化床床层的总体积 V_m，颗粒的总体积为 V_p，流体所占的体积为 V_g，则 $V_m = V_p + V_g$。床层的空隙率 ε 是指流体所占的体积 V_g 与床层总体积 V_m 之比，即：

$$\varepsilon = \frac{V_g}{V_m} = 1 - \frac{V_p}{V_m} \tag{5-13}$$

局部空隙就是床层某点处的空隙率，即该点小区域内空隙率的平均值。

床层的颗粒浓度 ε_s 是指颗粒所占的体积 V_p 与床层总体积 V_m 之比，显然有：

$$\varepsilon_s = \frac{V_p}{V_m} = 1 - \varepsilon$$

三、颗粒分类

Geldart 根据在常温常压下对一些典型固体颗粒的气固流态化特性的分析提出一种颗粒分类法。依照这种分类法，所有固体颗粒均可被分为 C、A、B、D 四类，根据颗粒的直径 d_p、颗粒密度 ρ_p 与流化气体密度 ρ_g 所做的流态化颗粒分类如图 5-4 所示。

C 类颗粒：这类颗粒粒度很细，对于 ρ_p=2500kg/m³ 的颗粒，一般均小于 30μm。它是具有黏结性的一类，特别易于受静电效应和颗粒间作用力的影响，很难达到正常流化状态。颗粒间作用力与重力相近。如果要流化 C 类颗粒，则需特殊的技术，否则常会造成沟流。常常通过搅拌和振动方式使之正常流化。

A 类颗粒：对 ρ_p=2500kg/m³ 的颗粒，一般在 30～100μm 范围内，气固密度差小于 1400kg/m³，主要是指裂化催化剂。早期的流态化研究都是以它们为主进行的。这类颗粒能很好地流化，但表观速度在超过临界流化速度之后及气泡出现之前床层会有明显的膨胀。很多循环流化系统采用 A 类颗粒，这类颗粒在停止送气后有缓慢排气的趋势，由此可鉴别 A 类颗粒。

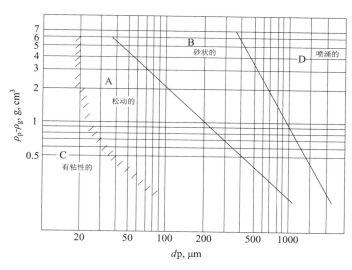

图 5-4　Geldart 的颗粒分类

B 类颗粒：主要是砂粒和玻璃球，对于 $\rho_p=2500\text{kg/m}^3$ 的颗粒，粒度通常为 100～500μm，气固密度差为 1400～4000kg/m³。此类颗粒床易于鼓泡，气速一旦超过临界流化速度，床内立即出现两相，即气泡相和乳化相。它们能流化得很好，大部分流化床锅炉都采用这类颗粒。

D 类颗粒：对于 $\rho_p=2500\text{kg/m}^3$ 的颗粒，是所有颗粒中最粗的，$d_p>500\text{μm}$，通常达到 1mm 或更大。虽然它们也会鼓泡，但固体颗粒的混合相对较差，更容易产生喷射流。它们需要相当高的速度去流化，通常处于喷动床操作状态。

上述分类方法的介绍对于正确理解颗粒的流化特性是十分重要的。例如，即使在相同操作条件下，不同类的颗粒所反映出的流化特性大不一样。人们对典型的 C、A、B、D 四类颗粒的各种特性进行了统计，结果见表 5-3。从表中不难看出，四类颗粒所反映出的流态化性能差异很大。

表 5-3　四类颗粒流化特点

类别	C	A	B	D
对于 $\rho_p=2500\text{kg/m}^3$ 的粒度	<30μm	30～100μm	100～500μm	>500μm
沟流程度	严重	很小	可忽略	可忽略
可喷动性	无	无	浅床时	有
临界鼓泡速度 u_{mb}	无气泡	$>u_{mf}$	$=u_{mf}$	$<u_{mf}$
气泡形状	仅为沟流	平底圆帽	圆形有凹陷	圆形
固体混合	很低	低	中	高
气体返混	很低	高	中	低
粒度对流体动力特性的影响	未知	明显	很小	未知

第二节   流态化过程的基本原理

一、流态化现象

当流体连续向上流过固体颗粒堆积的床层，在流体速度较低的情况下，固体颗粒静止不动，流体从颗粒之间的间隙流过，床层高度维持不变，这时的床层称为固定床。在固定床内，固体物料的质量由炉排所承载。随着流体速度增加，颗粒与颗粒之间克服了内摩擦而互相脱离接触，固体散料悬浮于流体之中。颗粒扣除浮力以后的质量完全由流体对它的曳力所支持，于是床层显示出相当不规则的运动。床层的空隙率增加了，床层出现膨胀，床层高度也随之升高，并且床层还呈现了类似于流体的一些性质。例如：较轻的大物体可以悬浮在床层表面；床层的上界面保持基本水平；床层容器的底部侧壁开孔时，能形成孔口出流现象；不同床层高度的流化床连通时，床面会自动调整至同一水平面，如图 5-5 所示。这种现象就是固体流态化，称为流化床。

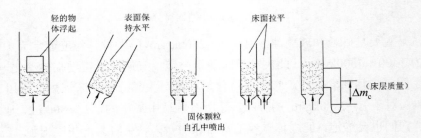

图 5-5   固体颗粒流态化的流体特性

流化床具有各种不同的形式。随着流体流速的逐渐增加，流态化将从散式流态化经过鼓泡流态化、湍流流态化、快速流态化、密相气力输送状态，最后转变为稀相气力输送状态，这已经属于气流床的范畴了。

二、流化床分类

由于流体介质流过床层时速度不同，以及固体颗粒性质、尺寸的差异，使得固体颗粒在流体中的悬浮状态不尽相同，因而形成各种不同类型的流化状态，如图 5-6 所示。

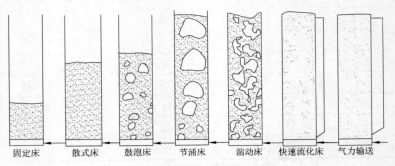

图 5-6   固体颗粒的各种流化状态

单由流体介质是液体还是气体作为流体介质来区分，就有两种不同类型的流化现象。以液体为流化介质时，当液体流速增加时，固体颗粒会均匀分散地悬浮其间，这样的流化现象称为散式流态化。如果以气体作为流化介质，当气体流速增加时，固体颗粒以各种非均匀的状态分布在流体中，称为聚式流态化。流化床燃煤锅炉涉及的都是气固两相的聚式流化床。

气固两相的聚式流态化，由于气流速度不同，可以有各种不同的流型。当气流速度刚刚达到使床层流化，也即床层处于临界流化状态，这时的气流速为临界流化速度。当气体速度超过临界流化速度以后，超过部分的气体不再是均匀地流过颗粒床层，而是以气泡的形式经过应床层逸出，这就是所谓的鼓泡流化床，简称鼓泡床。

鼓泡床由两相组成：一相是以气体为主的气泡相，虽然其中常常也携带有少数固体颗粒，但它的颗粒数量稀少，空隙率较大；另一相由气体和悬浮其间的颗粒组成，被形象地称为乳化相。通常认为，乳化相保持着临界流化的状态。显然，乳化相的颗粒密度比气泡相要大得多，而空隙率则要小得多。气泡相随着气流不断上升，由于气泡间的相互作用，气泡在上升过程中，可能会与其他小气泡合并长成大气泡，大气泡也有可能破碎分裂成小气泡。鼓泡流化床有个明显的界面，在界面之下气泡相与乳化相组成了"密相区"。当气泡上升到床层界面时发生破裂，并喷出或携带部分颗粒，这些颗粒被上升的气流所带走，造成所谓的颗粒夹带现象，于是在床层上部的自由空域形成了"稀相区"。上述的界面就是两个相区的分界面。

当气流速度继续增加时，气泡破碎的作用加剧，使得鼓泡床内的气泡越来越小，气泡上升的速度也变慢了。床层的压力脉动幅度却变得越来越大，直到这些微小气泡和乳化相的界限已分不出来，床层的压力脉动幅度达到了极大值。于是床层进入了湍流流态化，称为湍流流化相。实际上，湍流流态化是鼓泡床的气固密相流态化与下面将提到的快带流化床的气固稀相流态化的过渡流型。

如果进一步提高气流速度，气流携带颗粒量急剧增加，需要依靠连续加料或颗粒循环来不断补充物料，才不至于使床中颗粒被吹空，于是就形成了快速流化床。这时固体颗粒除了弥散于气流中之外，还集聚成大量颗粒团形成的絮状物。由于强烈的颗粒混返以及外部的物料循环，造成颗粒团不断解体，又不断重新形成，并向各个方向激烈运动。快速流化床不再像鼓泡流化床那样具有明显的界面，而是固体颗粒团充满整个上升段空间。快速流化床不但气速高，固体物料处理量大，而且具有特别好的气固接触条件和温度均匀性。快速流化床与气固物料分离装置、颗粒物料回送装置等一起组成了循环流化床。

图5-7表明了随着气流速度的增加，床层压降变化规律及鼓泡流化床转变为循环流化床的工作状态。

在循环流化床运行工况下，整个炉内的床料密度比鼓泡床低得多。因为对于颗粒尺寸相同的鼓泡床，固体颗粒基本上只飘浮在床层内，没有净流出量，其颗粒的质量流率等于零，气固间有很大的滑移速度，此时床层膨胀比和床料密度只取决于流化速度。但在循环流化床工况下，除了气体向上流动外，固体颗粒也向上流动，此时两相之间存在的相对速度称为滑移速度，如图5-8所示，此时，气固两相混合物的密度不单纯取决于流化速度，还与固体颗粒的质量流率有关。在一定的气流速度下,质量流率越大,床料密度越大,固体颗粒的循环量越大,气固间的滑移速度越大。

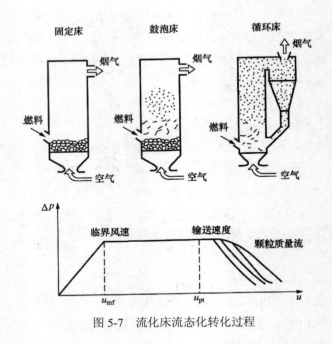

图 5-7　流化床流态化转化过程

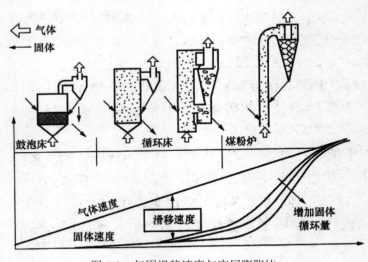

图 5-8　气固滑移速度与床层膨胀比

三、流化床的特点

利用流化床具有液体的性能,可以设计出不同的气体与固体的接触方式。流化床的特性,既有有利的一面,也有不利的一面。表 5-4 为气固反应系统接触方式的比较。同其他气固接触方式相比,其优点如下。

表 5-4　气固反应系统接触方式的比较

类别	固定床	移动床	流化床	平流气力输送
固体催化的气相反应	仅适用于缓慢失活或不失活的催化剂。严重的温度控制问题限制了装置规模	适用于大颗粒容易失活的催化剂。可能进行较大规模操作	用于小颗粒或粉状非脆性迅速失活的催化剂。温度控制极好，可以大规模操作	仅适用于快速反应
气固反应	不适合连续操作，间歇操作时产物不均	可用粒度大小相当均匀的进料，但有或仅有少量粉末，可能进行大规模操作	可用有大量细粉的宽料级固体。可进行温度均匀的大规模操作。间歇操作好，产物均匀	
床层中温度分布	当有大量热量传递时，温度梯度较大	以适量气流能控制温度梯度，或以大量固体循环能使之减小到最低限度	床层温度几乎恒定。可由热交换或连续加添和取出适量固体颗粒加以控制	用足够的固体循环能使固体颗粒流动方向的温度梯度减少到最低限度
颗粒	相当大和均匀。温度控制不好，可能烧结并堵塞反应器	相当大和均匀。最大受气体上升速度所限，最小受临界流化速度所限	宽粒度分布且可带大量细粉。容器和管子的磨蚀，颗粒的粉碎及夹带均为严重	颗粒要求同流化床。最大粒度受最小输送速度所限
压降	气速低和粒径大，除了在低压系统压降不严重	介于固定床和流化床之间	对于高床层，压降大，造成大量动力消耗	细颗粒时压降低，但对大颗粒则较可观
热交换和热量传递	热交换效率低，所以需要大的换热面积。这常常是放大中的控制因素	交换效率低，但由于固体颗粒容量大，循环颗粒传递的热量能相当大	热交换效率高，由循环颗粒传递大量的热量，所以热问题很少是放大时的限制因素	介于移动床和流化床之间
转化	气体呈活塞流，如温度控制适当（这是很困难的），转化率可能接近理论值的100%	可变通，接近于理想的逆流和并流接触，转化率可能接近理论值100%	固体颗粒返混并且气体接触方式不理想，结果其性能较其他方式反应器为差，要达到高转化率，必须多段操作	气体和固体的流动接近于并流活塞流，转化率有可能较高

（1）由于流化的固体颗粒有类似液体的特性，因此颗粒流动平稳，其操作可连续自动控制。从床层中取出颗粒或向床层中加入新的颗粒特别方便，容易实现操作的连续化和自动化。

（2）固体颗粒混合迅速均匀，使整个反应器内处于等温状态。由于固体颗粒的激烈运动和返混，使床层温度均匀。此外，流化床所用的固体颗粒比固定床的小得多，颗粒的比表面积（即单位体积的表面积）很大，因此，气固之间的传热和传质速率要比固定床的高得多。床层的温度分布均匀和传热速率高，这两个重要特征使流化床容易调节并维持所需要的温度，而固定床却没有这些特征。

（3）通过两床之间固体颗粒的循环，很容易实现提供（取出）大型反应器中需要（产生）的大量热量。

（4）气体与固体颗粒之间的传热和传热速率高。

（5）由于流化床中固体颗粒的激烈运动，不断冲刷换热器壁面，使不利于热的壁面上的气膜变薄，从而提高了床层对壁面的换热系数。通常，流化床对换热面的传热系数为固定床的10倍左右，因此流化床所需的传热面积也较小，只需要较小体积的床内换热器，降低了造价。

由于颗粒浓度高、体积大，能够维持较低温度运行，这对某些反应是有利的，如劣质煤燃烧、燃烧中脱硫等。

与此同时，流态化装置也具有一些不利的特点：

（1）气体流动状态难以描述，当设计或操作不当时会产生不正常的流化形式，由此导致气固接触效率的显著降低，当要求反应气体高效转化时，问题尤为严重。

（2）由于颗粒在床内混合迅速，从而导致颗粒在反应器中的停留时间不均匀。连续进料时，使得产物不均匀，转化效率低。间歇进料时，有助于产生一种均匀的固体产物。

（3）脆性固体颗粒易形成粉末并被气流夹带，需要经常补料以维持稳定运行。

（4）气流速度较高时床内埋件表面和床四周壁面磨损严重。

（5）对于易于结团或灰熔点低的颗粒，需要低温运行，从而降低了反应速率。

（6）与固体床相比，流化床能耗高。

虽然流化床存在一些严重的缺点，但流化床装置总的经济效果是好的，特别是在煤燃烧方面，已经成规模地应用于工业领域，并呈现出良好的发展前景。对流化床的运动规律有了正确充分的了解后，就能够最大限度地扬长避短，使流化技术得到更好的推广和应用。

四、非正常流化的几种状态

实际燃煤流化床中气固两相流动状况是很不均匀的。作为流化介质的空气和烟气，它们的组分、状态及量随空间位置和时间发生变化。而被流化的固体颗粒群，其组分、状态及量的不均匀性更为突出：既有刚送入床中还没有开始燃烧的煤粒，也有正在燃烧的炽热炭粒；也可能还有送入床内进行脱硫的石灰石或白云石等脱硫剂，还有上述物质燃烧反应生成的固态物质或残留物。它们均处于不规则的运动中，其物理性质和化学性质也随时随地发生变化。给煤和排渣的局部集中性，也同样造成了流化床中各种浓度场（如各种气体浓度场、粒子浓度场等）、温度场和粒度场的不均匀性。很明显，实际燃煤流化床中的气体和固体颗粒并不是均匀分布的。如果设计不合理或运行操作不当，就会加剧这种分布的不均匀性，致使床层出现非正常流化的状态，常见的非正常流化的状态有如下几种。

1. 沟流

当空床流速尚未达到临界流化速度时，气流在宽筛分料层的分布是不均匀，料层中颗粒大小的分布和空隙也是不均匀的。因此在料层阻力小的地方，所通过的气流量和气流速度都较大。如果料层中的颗粒分布非常不均匀或布风严重不均匀时，即使空床流速超过正常的临界流化速度，料层并不流化，此时大量的气体从阻力小的地方穿过料层，形成所谓的气流通道，而其余部分仍处于固定床状态，这种现象就称为沟流或穿孔。沟流有两种：一种沟流穿过整个料层，称为贯穿沟流，如图 5-9（a）所示；另一种沟流仅发生在床层局部高度，称为局部沟流或中间沟流，如图 5-9（b）所示。

沟流常出现在床层阻力不均匀、空床流速较低的情况下，如点火启动及压火后再启动时，容易产生沟流现象，若在运行时发生高温结渣也会形成沟流。沟流形成时，床层阻力会突然降低，随空床流速的增加，床层阻力可能回升，但达不到正常的床层阻力值，其床层阻力特性曲线如图 5-10 所示。显然，中间沟流的床层阻力要比贯穿沟流大。

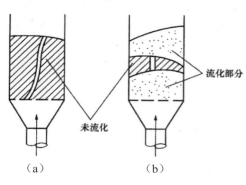

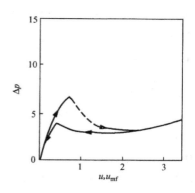

图 5-9　沟流　　　　　　　　　　图 5-10　床层产生沟流时的阻力特性曲线

床层中产生沟流时，会引起床层结渣，使床层无法正常运行。因此，产生沟流后应当迅速予以消除，在运行中消除沟流的有效办法是加厚料层，压火时关严所有风门等，特别是应当防患于未然，消除产生沟流的影响因素。

产生沟流的影响因素如下：

（1）料层中颗粒粒径分布不均匀，细小颗粒过多，运行时空床流速过低。

（2）料层太薄或料层太湿易粘连。

（3）布风装置设计不合理致使布风不均匀，如单床面积过大或风帽节距太大等。

（4）启动及压火的方法不当。

2. 气泡过大或分布不均

实际燃煤流化床属聚式流化，必然会产生气泡，如图 5-11 所示。气固流化床中气泡是非常主要的因素，正是由于气泡的运动造成了固体颗粒迅速而充分的混合，致使气固流化床具有许多独特的优势。气泡越小，分布越均匀，则流化质量越好，气固之间的接触越好；相反，若气泡过大或分布很不均匀，会使床运行不正常或流化质量不佳。气泡过大或分布很不均匀时，一方面会使气泡在向上运动时，引起床层表面很大的起伏波动，带来床层压降的起伏，造成运行不稳定，气泡的阻力特性如图 5-12 所示。当气泡的床层表面有破裂时，还会夹带很多料粒子溅出床层，一些细小的粒子被气流带走，若未能捕集并循环燃烧，会造成不完全燃烧，热损失增加。另外一方面，气泡相在初始时，其中储存着大量的空气，而密相颗粒相则空气相对不足，虽然随着气泡的上升、长大，气泡中的氧会有一部分与颗粒相之间实现交换，但其余部分则不起作用而逸出床外。气泡越大，上升速度越快，气泡内的氧气逸出床外的越多，有时甚至是全部，这时两相之间的热质交换条件最差。很明显，这对床层中煤粒的燃烧是十分不利的。因此，气泡过大或分布很不均匀对流化床锅炉运行的稳定性和燃烧的经济性都是不利的。

气泡过大或分布不均匀的影响因素如下：

（1）布风装置设计不合理，风帽小孔直径太大，或风帽节距太大，或布风不均匀，致使气泡过大或分布不均匀。

（2）床层颗粒越大，产生的气泡越大。

（3）流化床的高度与床径（或宽度）的比值较大时，气泡也较大。

（4）料层太薄时，气泡分布不均匀。

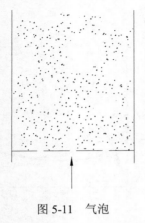

图 5-11 气泡

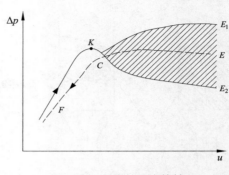

图 5-12 气泡的阻力特性

因此，应当采取相应措施防止或改善气泡过大或分布不均匀的现象，如合理设计布风装置，维持适当的床层厚度等都有利于消除大气泡的产生，并使气泡分布均匀，改善流化质量。

3. 腾涌

料层中气泡会汇合长大，当气泡直径长大到接近床截面时，料层会被分成几段，成为相互间隔的一段气泡一段颗粒层，颗粒层被气泡像推动活塞一样向上运动，达到某一高度后会崩裂，大量细小颗粒被抛出床层，被气流带走，大颗粒则雨淋般落下，这种现象称为腾涌或节涌、气截，如图 5-13 所示。在出现腾涌现象时，气泡向上推动颗粒层，由于颗粒层与器壁摩擦造成床层压降高于理论值，而在气泡破裂时又低于理论值，因此，出现腾涌时，床层压降会在理论值范围附近大幅度地波动，腾涌的阻力特性如图 5-14 所示。

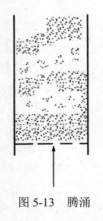

图 5-13 腾涌

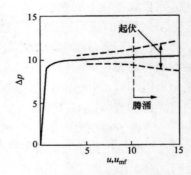

图 5-14 腾涌的阻力特性

流化床发生腾涌时，很难维持正常运行，风压波动十分剧烈，风机也受到冲击，床层底部会沉积物料，易引起结渣，还会加剧壁面的磨损。另外，腾涌对气固两相的接触也是极为不利的。因此，对燃烧和传热都将产生不良影响，还会引起飞灰量增大，致使热损失增大，影响经济运行。

产生涌腾的原因与产生大气泡的原因是相同的，只是程度更为严重些，腾涌的影响因素如下：

（1）床料粒子筛分范围太窄且大颗粒过多。

（2）床层高度与床径（或宽度）的比值较大。

（3）运行内速过高。

对于燃煤流化床锅炉，大多数用宽筛分煤粒，且床高与床径比值较小，只要运行风速不是太高，一般不会产生腾涌现象。如果在运行中发生腾涌，应及时处理，如增加小颗粒的比例，适当减少风量，降低料层厚度等。

4. 分层

若流化床料层中有大小不同的颗粒，特别是过粗和过细的颗粒所占的比例均很大时，较多小颗粒集中在床层上部，而大颗粒则沉积在床层底部，这种现象称为分层，如图 5-15 所示。当风速较低，特别是风速刚刚超过大颗粒的临界流化速度时，分层现象较为明显。分层发生后，会造成上部小颗粒流化而底部大颗粒仍处于固定床状态的"假流化"现象，这是导致流化床锅炉结渣的原因之一。流化床锅炉在点火启动过程中，由于风量较小，容易发生分层现象。正常运行时，风速较高，混合十分剧烈，料层分层现象不太明显。但如果料层中"冷渣"（料层中有少量密度较大或粒径较大的石块或金属等，或少量燃煤因局部温度而粘结成大块，都沉积在床层底部，即称为冷渣）沉积太多，就会产生分层现象，影响床层的流化质量，甚至影响床层的安全稳定运行，因此应及时排"冷渣"，以防分层发生。另外，合量配风，采用颗粒分布较均匀、较窄筛分范围的燃料或点火床料以及倒锥形炉膛结构等都可防止或改善分层现象。

为帮助加深对固体颗粒流化过程和现象的理解，图 5-16 所示为气体固流化过程及有关现象的方框图。

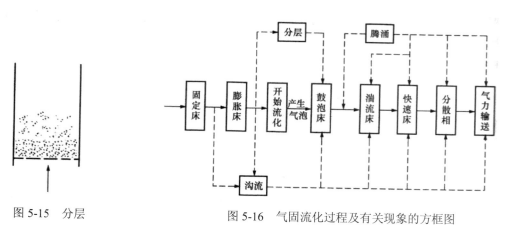

图 5-15　分层　　　　　　　　　图 5-16　气固流化过程及有关现象的方框图

当气流通过床层时，如流速较低，气流从粒子间的空隙中通过，粒子不动。当流速稍增大时，颗粒会被气流吹动而稍微移动其位置，颗粒的排列变得疏松些，但颗粒与颗粒仍保持接触，床层体积几乎没有变化，此即固定床。如流速渐增，则粒子间空隙率将开始增加，床层体积逐渐增大，成为膨胀床，但整个床层并未全部流化。只是当流速达到某一限值，床层刚刚能被流体托起时，床内全部粒子才开始流化起来。如果流速进一步提高，床层中将大量鼓泡，流速越高，气泡造成的扰动越剧烈，但仍有一个清晰的床面，这就是鼓泡床。随着流带的进一步提高，床层中的湍动也随之加剧，此时鼓泡激烈以致难以识别气泡，并且床层密度的波动变得十分严重，许多较小的颗粒被夹带，床层的界面也模糊起来，这就是所谓的湍流床。再进一步增加流速，将导致颗粒被大量带出，为了维持床层的稳定，必须进行粒子循环，这便是快速床。

在快速床阶段，原来较清晰的床面已经不存在，颗粒与气体的滑动速度增大并有一最大值。如果流速继续增加，颗粒与气体的滑动速度又趋于减少，进入所谓的分散相，即初始气力输送状态。随着流速的进一步增加，颗粒与气流的滑动速度为零，颗粒随气流一起运动，进入了气力输送状态。

很明显，从临界流化开始一直到气力输送，床层中的气体随流速的增加，从非连续相（气泡）一直转变到连续相的整个区间都属于流态化的范围。

至于非正常流化现象之一，沟流如果产生，将会在固定床向膨胀，或膨胀床向流化状态转化的过程中产生，并将根据沟流的严重程度，相应地转入鼓泡床或湍流床或快速床或分散相，最后成为气力输送状态。

气泡的从流化开始后就产生了，随着流速的增加，气泡数量增多，体积一般都会增大，有时甚至会增大至形成另一种不正常流化状态——腾涌。如果腾涌未形成，气泡将一直存在到鼓泡床转为湍流床，到了湍流床状态，鼓泡已剧烈到无法识别气泡了。

腾涌在鼓泡床形成之后，随流速的增大，气泡汇合长大很严重时产生（一般在小直径床中易产生）。腾涌产生后，可能转为湍流床或快速床或分散相，最后成为气力输送。

分层现象则可能出现由膨胀床到鼓泡床状态的整个过程，但并不是必然会出现的一种现象。

第三节　流化床流体动力特性参数

描述流化床流体动力特性的参数主要有床层压降 Δp、床层膨胀比 R、空隙率 ε、临界流化速度 u_{mf}、终端速度 u_t、夹带分离高度和扬析率等。对于燃煤流化床的研究、设计和运行，这些都是十分重要的参数或依据。

一、床层压降、膨胀比及空隙率

当流过床层的气体流速（指按照布风板面积计算的空床气流速度，也即表观速度，有时简称流速）不同时，固体床层将呈现不同的流型，气流通过床层的压降也不相同。为简单起见，假定为理想情况，床层由均匀粒度颗粒组成。图 5-17 所示为理想情况下，不同状况床层的压降 Δp、高度 h、床层空隙率 ε 与气体流速 u 的关系。

当流速很低时，流体通过床层，颗粒之间保持固定的相对关系而静止不动，流体经颗粒之间的空隙流过，床层为固定层状态。随着气流速度的增加，床层厚度、空隙率 ε_0 不变，但阻力会随之增加，呈幂函数关系，此时床层高度称为固定床高 h_0。

当流速增大到某一确定值 u_{mf} 时，床层中的颗粒不再保持静止状态，从固定床状态转为流化床状态。当空床流速继续增大时，床层膨胀得更厉害，固体颗粒上下翻滚，但并未被流体带走，而是在一定的高度范围内翻滚，床层仍有一个清晰的上界面，此时整个床层具有流体的一些宏观特性，这就是流化床。

在流化床阶段，随着流速的增大，床层阻力保持不变，这是因为随着流速的增大，料层高度相应增大，即床层体积膨胀，空隙率增加，流体在床内颗粒间的流通截面增大，流体通过颗粒间的真实流速基本不变，因此料层阻力也保持不变，这是流化床的重要特性之一。

随着气流速度的增加，空隙率 ε 也将增加，床层高度 h 也随之增加。当气流速度超过 u_t 时，所有的固体颗粒被气流带出燃烧室，此时的气流速度 u_t 被称为飞出速度或输送速度，床层处于输送床阶段。在理想情况下，床高为无穷大，此时床层压降在数值上等于床层颗粒重量，床层空隙 ε 达到极大为 1.0。实际上，由于实际床高有限，因此在该阶段，床层压降突然降为很小，空隙率接近 1.0。

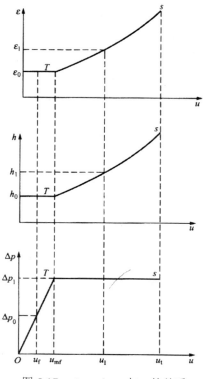

图 5-17　Δp、h、ε 与 u 的关系

上述理想情况基本上反映了实际床层颗粒在不同阶段的主要特征。实际床层与理想床层的主要区别是对它的更为细致具体的描述，如流化床阶段包括散式床、鼓泡床、湍流床和快速床等运动形状。

一般情况下，理想流态化具有以下特点：

（1）有确定的临界流态化点和临界流态化速度 u_{mf}，当流速达到 u_{mf} 以后，整个颗粒床层开始流化。

（2）流态化床层压降为一常数。

（3）具有一个平稳的流态化床层上界面。

（4）流态化床层的空隙率在任何流速下都具有一个代表性的均匀值，不因床层的位置和操作时间而变化，但随流速的变大而变小。

实际流化床压降和流速的关系较为复杂。由于受颗粒之间作用力、颗粒分布、布风板结构特性、颗粒外部特征、床直径大小等因素的影响，造成实际流化床压降和流速的关系偏离理想曲线而呈各种状态。流速在接近临界流态化速度时，在压降还未达到单位面积的浮重之前，床层即有所膨胀，若原固定床充填较紧密，此效应更明显。此外，由于颗粒分布的不均匀以及床层充填时的随机性，造成床层内部局部透气性不一致，使固定床和流化床之间的流化曲线不突变，而是一个逐渐过渡的过程。在此过程中，一部分颗粒先被流化，其他颗粒的质量仍部分由布风板支撑，此时床层压降低于理论值。最后，随着流速的增加，床层颗粒质量才逐渐过渡到全部由流体支撑，压降接近理论值。此时对应床层质量完全由流体承受的最小流速 u_{mf}，即完全流态化速度。由于颗粒表面并不是理想的光滑表面，使得颗粒之间存在"架桥"现象。当床直径较小时，床层和器壁之间的摩擦更为明显，甚至形成初始流态化对应床层压降大于理论值的现象。当床层全部流化之后，颗粒和器壁之间以及颗粒之间不再有相互接触或接触较少，压降和理论值相差不大。流化床内存在的循环流动会产生与流化介质运动方向相反的净摩擦力，导致异常压降的出现。当颗粒分布不均以及布风板不能使流体分布均匀时，可能出现局部沟流，结果是大部分流体短路通过沟道，而床层其余部分仍处于非流态化状态。因此，实际流态化过程总是偏离理想流态化的，而理想流态化在实际中是很难得到的，这与实际颗粒分布、床中流体分布等很难达到理想状态有关。实际流态化过程可能出现的压降和流速曲线如图 5-18 所示。

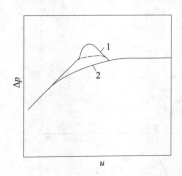

1—颗粒连锁；2—非流化区

图 5-18　实际流化过程中压降与流速的关系

　　流体通过固定床的压降和许多因素有关，如流体速度 u、流体密度 ρ_f 和黏度 μ、床层直径 D、颗粒直径 d_p、床层空隙率 ε、颗粒球形度 Φ_p、颗粒表面粗糙度等，床层高度对床层压降影响也很大。

　　在流化床阶段，随着流速的增大，料层阻力保持不变，这是流化床的重要特性之一。在实际操作中，就是利用流化床中风量增大即空床流速增大时料层压降不变这一显著特征，来判断料层是否进入流化状态的。此时料层阻力约等于单位面积床层的重力，即：

$$\Delta p \approx \rho_p gh(1-\varepsilon) = \rho_p gh_0(1-\varepsilon_0) = \rho_b gh_0 \tag{5-14}$$

　　对于燃煤流化床，引入压降修正系数 λ。由式（5-14）即可将流化床的料层阻力用固定床状态的参数来估算，即：

$$\Delta p = \lambda \rho_b gh_0 \tag{5-15}$$

　　压降修正系数 λ 由实验确定，主要与煤种有关，不同煤种的 λ 值见表 5-5。

表 5-5　不同煤种的 λ 值

燃料种类	λ	燃料种类	λ
石煤、煤矸石	0.9~1.0	烟煤矸石	0.82
无烟煤	0.8	油页岩	0.70

作为经验公式，式（5-15）非常简单易求，对于指导流化床锅炉设计和运行都是十分有用的。

需要说明的是，由于许多实际因素的影响，当流速变化时，流化床料层会有一些波动，保持不变只是相对而言的。

为描述流化床的膨胀程度，定义流化床流化前后床层的高度之比为膨胀比，即：

$$R = \frac{h}{h_0} = \frac{1-\varepsilon}{1-\varepsilon_0} \ 或\ \varepsilon = 1 - \frac{1-\varepsilon_0}{R} \tag{5-16}$$

必须指出，式（5-16）只适用于等截面床，对于燃煤流化床常见的变截面床，需引入床层结构参数进行推导，得到床层空隙率 ε 与膨胀比 R 之间的关系。

流化床锅炉正常运行时，床层空隙率 $\varepsilon=0.5\sim0.8$，当 $\varepsilon>0.8$ 时，将出现不稳定状态，是向气力输送过渡阶段，对于床径较小的流化床，腾涌现象多出现在这个阶段。对于细粒度窄筛分的料层，腾涌则不易发生。随着空床流速的增大，$\varepsilon \rightarrow 1$，这表明颗粒所占的份额达到最小，床料呈现气力输送状态。

二、临界流化速度

临界流化速度是流化床的一个重要的流体动力特性参数。但由于实际流化床的复杂性，至今没有一个计算临界流化速度的理论公式。确定这一重要参数，都要依赖于实验，或由实验直接测定，或采用通过实验获得的比较合适的经验公式进行计算。

1. 临界流化速度的实验测定

在理想化的系统中，临界流化速度是固定床突然变到流态时的速度。实际上可能有一个大的过渡区，由此可见，临界流态化速度没有什么绝对的意义。对粒度分布宽的颗粒，确切的临界流化速度的定义就变得更为困难了。因为临界流化速度没有绝对的意义，所以需要一个标准来确定临界流化速度，使其能对不同系统的特性作出比较。用压降对流速的关系曲线来确定流化速度是最方便的方法。

现将不同粒度组成的床层的起始流化特性进行分析，先以一均匀粒度颗粒组成的床层为例。在固定床通过的气体流速很低时，随着气体流速的增加，床层压降成正比增加；当风速达到一定值时，床层压降达到最大值 Δp_{max}，即"上行"曲线。如图 5-19（a）所示，该值略高于整个床层的静压。如果再继续提高气体流速，固定床突然"解锁"。换言之，床层空隙率 ε 增大至 ε_{mf}，结果床层压降降为床层的静压。当气体流速超过最小流化速度时，床层出现膨胀和鼓泡现象，并导致床层处于非均匀状态，在一段较宽的范围内，进一步增加气体流速，床层的压降仍几乎维持不变。上述从低气体流速上升到高气体流速的压降—流速特性试验称为"上行"试验法。由于床料初始堆积情况的差异，实测临界流化风速往往采用从高气体流速区降低到低速固定床的压降—流速特性试验，通常称其为"下行"试验法。如果通过固定床区（用"下行"试验法）和流态化床区的各点画线，并撤开中间区的数据，这两直线的交点即为临界流化速度。

图 5-19（b）是确定临界流化速度的实测方法，即"下行"曲线。为了使测定的数据可靠，要求流化床布风均匀，测定时尽量模拟实际条件。用降低流速法使床层自流化床缓慢地复原至固定床，同时记下相应的气体流速和床层压降，在双对数坐标纸上标绘得到图 5-19（b）所示的曲线。通过固定床区和流化床数据区的各自画线（撤开中间区数据），这两条曲线的交点即是临界流态化点，其横坐标的值即为临界流化速度 u_{mf}。图中的 u_{bf} 为超始流态化速度，此时床

层中有部分颗粒进入流化状态。u_{tf} 为完全流态化速度，此时床层中所有颗粒全部进入流化状态。对于粒度分布较窄的床层，u_{mf}、u_{bf}、u_{tf} 三者非常接近，很难区分。在工程手册中，有一些现成的数据可供选用。

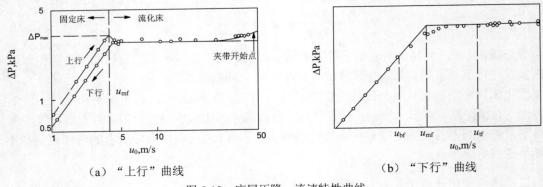

（a）"上行"曲线　　　　　　　　　　　　（b）"下行"曲线

图 5-19　床层压降—流速特性曲线

显而易见，用实验测定的临界流化速度不受计算公式和使用条件的限制，所得的数据对测的系统比较可靠，但如果使用条件与实验条件有差异，则必须进行相应的校正。

2. 临界流化速度的影响因素

影响燃煤流化床临界速度的因素主要有粒径 d_p、粒子密度 ρ_p 和温度 t。随粒径 d_p、粒子密度 ρ_p 的增加，临界流化速度 u_{mf} 随之增加。粒径 d_p 增大 1 倍时，临界流化速度 u_{mf} 约增加 40%；燃煤密度 ρ_p 由 1500 kg/m³ 增加到 2200 kg/m³ 时，临界流化速度 u_{mf} 增加大约 21%。热态（800～900℃）临界流化速度约为冷态（20℃）临界流化速度的 2 倍。但必须指出：虽然对于同一筛分范围的床料，随着床温的升高，其临界流化速度会增大，但这并不意味着必须增大运行风量才能保证热态运行时能超过增大的临界流化速度值。恰恰相反，热态时临界流化风量要低于冷态时的临界流化风量。这是因为当床温升高时，临界流化速度虽然增加了，但烟气体积却相应地增加了更多。热态临界流化风量只有冷态临界流化风量的 1/2～2/3，这已为大量的实验所证实。

三、最小鼓泡速度

当气流速度超过临界流化速度时，一部分过剩的气体将以气泡的形式穿过床层形成鼓泡床。能使床层内产生气泡的最小气流速度称为最小鼓泡速度。

在鼓泡流化床中，当气体以较高速度从布风板的孔口喷入床层时，一部分气体以最小流化速度流过颗粒之间，其余则以气泡的形式穿过床层。在气泡上升的过程中，小气泡会合并长大，同时大气泡又会破裂成小气泡。当气泡到达床层表面时会发生爆破，在气体冲入上部空间的同时，一部分颗粒也被夹带上去，但仍然会沉降返回到床层中来。只有一些终端速度小于气流速度的颗粒会被气流夹带出去。

最小鼓泡速度 u_{mb} 一般通过实验测定，然后归纳成计算式。具有代表性的是下列三个学者所给出的计算式：

Geldart 公式

$$\frac{u_{mb}}{u_{mf}} = \frac{4.125 \times 10^4 \mu^{0.9} \rho_g^{0.1}}{(\rho_p - \rho_g)g d_p} \tag{5-17}$$

Richardson 公式

$$\frac{u_{mb}}{u_{mf}} = \frac{2.3 \times 10^3 \mu^{0.523} \rho_g^{0.126} \exp(0.746F)}{(\rho_p - \rho_g)^{0.934} g^{0.934} d_p^{0.8}} \qquad (5\text{-}18)$$

孙光林公式

$$\frac{u_{mb}}{u_{mf}} = \frac{3.22 d_p^{0.803} \rho_g^{0.104} \exp(0.529F)}{\mu^{0.42}} \qquad (5\text{-}19)$$

式中，F 为小于 45μm 颗粒的质量占整个颗粒质量的比例。

四、颗粒终端速度

1. 终端速度

观察在静止气体中开始处于静止状态的一个固体颗粒，由于重力的作用，颗粒会加速沉降。随着颗粒降落速度的增加，气体对颗粒的向上曳力也为之增大，直到此曳力与颗粒扣除浮力后的重力相平衡，颗粒便等速降落，这时颗粒的速度称为颗粒的自由沉降速度。由于该速度是颗粒加速段的最终速度，所以又称为颗粒终端速度。

根据以上定义，并假定固体颗粒为球形颗粒，颗粒终端速度 u_t 可由力平衡方程式确定，即：

$$C_D \frac{\pi}{4} d_p^2 \frac{1}{2} \rho_g u_t^2 = \frac{\pi}{6} d_p^3 (\rho_p - \rho_g) g \qquad (5\text{-}20)$$

式中，C_D 为曳力系数或阻力系数。

于是颗粒终端速度 u_t 为：

$$u_t = \sqrt{\frac{4}{3} \times \frac{g d_p (\rho_p - \rho_g)}{C_D \rho_g}} \qquad (5\text{-}21)$$

由此可见，要计算颗粒终端速度 u_t 关键是确定曳力系数 C_D。实际上，气体对固体的曳力由两部分组成：一部分是气体对于颗粒表面的黏滞力在流动方向上的分力，主要与气体黏性和固体的表面性质有关；另一部分是气体对颗粒的压力在流动方向上的分力，它与颗粒的粒径和迎流横截面积有关。当气流速度较低时，气体以层流方式绕流颗粒两侧，气体对颗粒主要表现为黏性力；当气流速度很大时，气体流过颗粒形成旋涡，气体对颗粒的压力成为主导。

2. 颗粒终端速度与临界流化速度的关系

流化床中的气流量一方面受 u_{mf} 的限制，另一方面也受到固体颗粒被气体夹带的限制。当流化床中上升气流的速度等于颗粒的自由沉降速度时，颗粒就会悬浮于气流中而不会沉降。当气流的速度稍大于这一沉降速度时，颗粒就会被推向上方，因此，流化床中颗粒的带出速度等于颗粒在静止气体中的沉降速度。流态化操作时应使气流速度小于或者等于此沉降速度，以防止颗粒被带出。发生夹带时，这些颗粒必须循环回去，或用新鲜物料来代替，以维持稳定操作状态。

常用 u_t/u_{mf} 的比值来评价流化床操作灵活性的大小，如比值较小，说明操作灵活性较差，反之则较好。这是因为比值大意味着流态化操作速度范围的可调节范围大，改变流化速度不会明显影响流化床的稳定操作，同时可供选择的操作速度范围也宽，有利于获得最佳流态化操作气体流速。因此，比值 u_t/u_{mf} 是一项操作性能指标。另外，这一比值还可作为流化床最大允许床高的一个指标。因为流体通过床层时存在压降，压力降低必引起流速的增加。于是，床层的最大高度就是底部刚开始流化而顶部刚好达到 u_t 时的床高。

平奇贝克和波珀推导了一个估算球形颗粒 u_t/u_{mf} 的方程式，其中使颗粒保持悬浮状态的总力取为黏滞阻力和流体撞击力的总和，用实验数据对照其方程式计算结果，如图 5-20 所示，u_t/u_{mf} 的上下限值可直接采用前面介绍过的式子来计算。

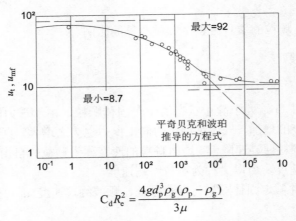

$$C_d R_e^2 = \frac{4 g d_p^3 \rho_g (\rho_p - \rho_g)}{3\mu}$$

图 5-20　估算 u_t/u_{mf} 的方程式与实验数据对照

对细颗粒：

当 $Re<0.4$ 时，$\dfrac{u_t}{u_{mf}} = 91.6$

对大颗粒：

当 $Re>1000$ 时，$\dfrac{u_t}{u_{mf}} = 8.72$

u_t/u_{mf} 的比值常在 10:1 和 90:1 之间。大颗粒的 u_t/u_{mf} 比值较小，说明其操作灵活性较小颗粒差。

事实上，气体流化床的满意操作范围可能因沟流和腾涌而明显变得狭窄。对均匀粒度的大颗粒，这种现象会特别严重，常常很难使床层流化起来。合理地选用挡板或锥形流化床，可减轻这种不良的性状。

必须注意，在剧烈鼓泡的气体流化床中，操作气体流速可超过几乎所有固体颗粒的终端速度，有一些夹带，但不一定严重。这种情况之所以不存在，可能是因为气流的大部分作为几乎无固体的大气泡通过床层，而床层颗粒则是被相对来说慢速流动的气体所悬浮起来的。此外，当采用了旋风分离器使夹带固体颗粒返回，还可用更高的气体流速。

五、颗粒的夹带与扬析

夹带分离高度、扬析和夹带速率，是流化床流化动力特性中很重要的特性参数。夹带和扬析在循环流化床锅炉设计和运行中是非常重要的，这是因为锅炉燃烧的煤是由一定范围的颗粒组成的，在燃烧和循环过程中，由于煤颗粒收缩、破碎和磨损，有大量的微粒形成，这些微粒很容易被夹带和扬析。为了合理地组织燃烧和传热，保证锅炉有足够的循环材料，以及保证烟气中灰尘排放达到排放标准，必须从气流中分离回收这些细颗粒。

1．夹带与扬析

当气流通过宽筛分颗粒组成的流化床层时，气流从床层中带走固体颗粒的现象，称为夹带，其中的细颗粒由于床层气流速度高于终端速度，因而从颗粒混合物中分离，被上升气流带走，这一过程称为扬析。

当流化床中的气流速度超过临界流化速度时，床层内出现大量气泡，气泡不断上升，待到床层表面时，会发生破裂并逸出床面。在此过程中，气泡顶上的部分颗粒和气泡尾涡中的颗粒，将被抛入密相床层界面之上的自由空域，并被上升气流夹带走。被夹带进入自由空域的颗粒中，一些粗颗粒由于其终端速度大于床层气流速度，因此在经过一定的分离高度后将重新返回床层；另一些终端速度低于床层气流速度的细颗粒最终被夹带出床体。把自由空域内所有粗颗粒都能返回床层的最低高度（高度从床层界面算起）定义为夹带分离高度（TDH），如图 5-21 所示。从图中可以看出，在自由空域内，靠近床层表面处的颗粒浓度最大，随着高度的上升，颗粒浓度逐渐减少，直至 TDH 以后，颗粒浓度不再变化，即颗粒夹带速率达到饱和夹带能力。

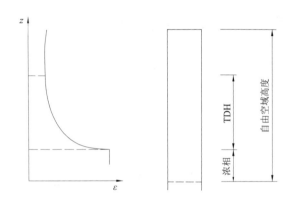

图 5-21　自由空域内 TDH 及颗粒浓度的轴向变化

夹带和扬析是密切联系却又不同的两个现象，是完全不同的两个概念。扬析是从混合物中带走细粉的现象，扬析过程可以发生在自由空域内的任何高度上；夹带是气泡在床层表面破裂逸出时，从床层中带走固体颗粒的现象。

夹带形成的机理包括两个步骤：①从密相区到自由空域固体颗粒的输送；②颗粒在自由空域的运动。对于鼓泡床，输送起因于气泡在床层表面的破裂。大多数研究者认为，气泡破裂喷出的颗粒主要来自气泡尾涡。有实验资料表明：一般情况下，大约一半的气泡尾迹颗粒被气泡喷出。喷出的颗粒中大约有 50%的颗粒的喷射速度高达气泡达到床面时速度的 2 倍。自由空域的喷射速度主要垂直向上，散射使颗粒在自由空域做径向运动。

2．扬析率的影响因素

（1）操作流速 u_0。试验研究表明，操作流速 u_0 是影响扬析率的一紧重要因素，随着 u_0 的增加，扬析量迅速增加，从计算公式也可看出这一点。试验表明，扬析率常数与 u_0 呈指数关系变化（2～4 次方）。这主要是因为 u_0 增大时，鼓泡或气粒流更趋激烈，被扬析量夹带的粒子粒径增大，数量增多。

（2）粒径 d_i。第 i 挡颗粒粒径 d_i 也是影响扬析率的一个重要因素，大颗粒的扬析量较小颗粒为小。试验研究表明，扬析率常数 E 随被扬析粒子的粒径 d_i 呈负指数关系变化。

（3）床粒颗粒的平均粒径 d_p。在相同的操作流速 u_0 下，当 d_p 增大时，扬析量是减少的，各粒径颗粒的扬析率常数随 d_p 的增大而明显减小。这主要是因为在相同的 u_0 下，d_p 增大时，鼓泡或气粒浪的剧烈程度趋缓（因 d_p 增大，临界流化速度 u_0 增大，按两相流化理论，形成气泡的气流量减少或者说气粒流中气流量减少），气泡或气粒流的扬析作用减弱，因此各粒径颗粒的扬析量减少。但一般情况下，随着 d_p 的增大，u_0 将要增大，这时由于 u_0 的显著影响，颗粒的扬析量会增加。

（4）床高 h_0。有人认为，床高也是影响颗粒扬析量的一个因素，但也有完全相反的试验结论，即床高对颗粒的扬析没有影响。

综上所述，影响流化床扬析率的因素很多，这些因素之间往往还会相互影响。虽然扬析现象非常简单和直观，但可以说到目前为止，对流化颗粒扬析夹带规律的认识还远未深入和完善，很多结论或关系式的适用范围十分有限，还不能为工程设计提供可靠的依据，有待于进行大量的深入研究。

第四节　循环流化床炉内的气固流动

循环流化床是一个床加一个循环闭路，是一个装置系统。鼓泡床、湍流床和快速床是气固两相流动的流态。循环流化床中的气固两个运动状态可以是鼓泡流态化，也可以是湍流流态化，甚至快速流态化。但湍流床和快速床必须是循环流化床。循环流化床装置系统是包括下部颗粒密相区和上部上升段稀相区的循环流化床、气固物料分离装置、固体物料回送装置三个部分组成的一个闭路循环系统。典型的循环流化床锅炉的特征参数见表5-6。

表 5-6　典型循环流化床锅炉的特征参数

项目	循环流化床锅炉	项目	循环流化床锅炉
颗粒密度/（kg/m³）	1800～2600	表观颗粒浓度/（kg/m³）	10～40
颗粒直径/（μm）	100～300	高径比	<5～10
表观气速/（m/s）	5～9	上升段直径/（m）	4～8
颗粒循环流率/（kg/m³·s）	10～100		

研究循环流化床的流动特性，分析循环流化床内的气流速度、颗粒速度、颗粒循环流率、压力和空隙率等的分布经及颗粒聚集和气固混合的过程，对于掌握循环流化床锅炉的流动、燃烧、传热和污染控制，具有十分重要的意义。

一、循环流化床锅炉气固流动的特点

循环流化床锅炉气固两相流动不再像鼓泡床那样具有清晰的床界面，且有极其强烈的床料混合与成团现象。循环流化床气固两相动力学的研究表明，固体颗粒的团聚和聚集作用是循环流化床内颗粒运动的一个特点。细颗粒聚集成大颗粒后，颗粒团重量增加，体积增大，有较高的自由沉降速度。在一定的气流速度下，大颗粒团不是被吹上去而是逆着气流向下运动。在下降过程中，气固间产生较大的相对速度，然后被上升的气流打散成细颗粒，再被气流带动向上运动，又聚集成颗粒团，再沉降下来。这种颗粒团不断聚集、下沉、吹散、上升又聚集形成

的物理过程，使循环流化床内气固两相间发生强烈的热量和质量交换。由于颗粒团的沉降和边壁效应，循环流化床内气固流动形成靠近炉壁处很浓的颗粒团以旋转状向下运动，大大强化了炉内的传热和传质过程，使进入炉内的新鲜燃料颗粒在瞬间被加热到炉膛温度（≈850℃），并保证了整个炉膛内纵向及横向都具有十分均匀的温度场。剧烈的颗粒循环加大颗粒团和气体之间的相对速度，延长了燃料在炉内的停留时间，提高了燃尽率。

当循环流化床锅炉的燃料颗粒不均匀，即具有宽筛分的颗粒（通常为0～8mm，甚至更大）时，炉内的床料也是宽筛分颗粒分布，相应于运行时的流化速度，此时会出现以下现象：对于粗颗粒，该流化速度可能刚超过其临界流化速度，而对于细颗粒，该流化速度可能已经到其至超过其输送速度，这时炉膛内就会出现下部是粗颗粒组成的鼓泡床或湍流床，上部为细颗粒组成的湍流床、快速床或输送床的两者叠加的情况。当然，在上下部床层之间，通常还有一定高度的过渡段。这是目前国内绝大部分循环流化床锅炉炉内的运行工况，由此可见，循环流化床锅炉燃料颗粒的粒度分布对其运行具有重要影响。

二、循环流化床内轴向流运结构

通常认为，循环流化床是由下部密相区和上部稀相区两个相区组成的。下部密相区一般是鼓泡流化床或者湍流流化床，上部稀相区则是快速流化床。

尽管循环流化床内的气流速度相当高，但是在床层底部颗粒却是由静止开始加速，而且大量颗粒从底部循环回送，因此，床层下部是一个具有较高颗粒浓度的密相区，处于鼓泡流态化或者湍流流态化状态。而在上部，由于气体高速流动，特别是循环流化床锅炉往往还有二次风加入，使得床层内空隙率大大提高，转变成典型的稀相区。在这个区域，气流速度远超过颗粒的自由沉降速度，固体颗粒的夹带量很大，形成了快速流化床甚至密相气力输送。在下部密相区的鼓泡流化床内，密相的乳化相是连续相，气泡相是分散相。当鼓泡床转为快速流化床时，发生了转相过程，稀相成了连续相，而浓相的颗粒絮状聚集物成了分散相。在快速流化床床层内，当操作条件、气固物性或设备结构发生变化时，两相区的局部结构不会发生根本变化，只是稀浓两相的比例及其在空间分布相应发生变化。

三、密相区的流动

密相区的气固流动是不均匀的，广泛应用的两相鼓泡流化床理论认为，密相区由气泡相和乳化相所组成，当气体流速达到临界流化速度后，当风量进一步增加时，超过临界流化速度的那部分风量以气泡形式通过床层。在乳化相中的颗粒维持临界流化状态，气体通过乳化相颗粒之间的速度为 u_{mf}/ε_{mf}，其中 ε_{mf} 为临界流化状态时床层的空隙率。在循环流化床锅炉中，床内固体颗粒比较细，气体流速远高于临界流化速度，大部分气体以气泡方式通过床层，气泡相和乳化相之间的气体质量交换速率与气体流量相比相对较弱，成为制约密相区焦炭和挥发分燃烧的一个很重要的因素。

1. 气泡特性

单个气泡在上升的过程中逐渐长大，上升速度也逐渐加快。如果床层中有多个气泡，由于气泡之间的相互作用，会同时发生气泡合并和分裂的现象。有的气泡可能与其他气泡合并成大气泡，也可能发生大气泡分裂成小气泡的现象。在两相模型中，气泡相是稀相，气泡周围的乳化相是密相。单个汽泡通常接近球形或椭圆形，气泡内基本不含固体。气泡的底部有个凹陷，其中的压力低于周围乳化相的压力，固体颗粒被气体曳入。气泡底部的颗粒称为尾漏，它随着气泡一起上升。

当气泡上升的速度 u_b 大于乳化相中气体向上运动的速度 u_g 时，气泡中的气体将从气泡顶部流出，在气泡与周围的乳化相之间循环流动，形成所谓的气泡晕，如图 5-22（a）所示，这样的气泡称为有晕气泡或快气泡。气泡上升速度 u_b 越大，气泡晕层越薄。反之，如果 u_b 小于 u_g，乳化相中的气体穿过气泡，并不形成循环流动的气泡晕，如图 5-22（b）所示，这样的气泡称为无晕气泡和慢气泡。

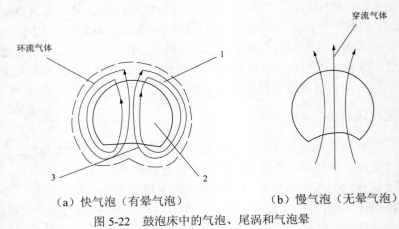

（a）快气泡（有晕气泡）　　　　　　（b）慢气泡（无晕气泡）

图 5-22　鼓泡床中的气泡、尾涡和气泡晕

气泡相和乳化相之间的气体质交换，一方面靠相间浓度引起的气体扩散，另一方面通过乳化相和气泡相间的气体流动进行质交换。对于快速气泡流型，当较大时，气泡晕半径较小，由气体流动产生的气体交换很小，气泡相和乳化相间的气体质交换阻力很大。循环流化床气体流速比较高，密相床大部分都处在快速气泡流型，大部分气体留于气泡中随气泡上升。气泡相和乳化相之间的气体得不到充分的混合。因此，造成气泡中的氧不能及时补充给碳颗粒，同时碳颗粒析出的挥发分和其他反应物也不能很快传给气泡相，减缓了反应速度。

2. 鼓泡床流动模型

鼓泡流化床两相流动模型假设流化床是由气泡相和乳化相两相组成。由 Toomey 和 Johnstone 提出的最简单的两相理论，认为乳化相维持在临界流化状态，乳化相中气体流速等于临界流化速度，而多余的气体以气泡形式流过床层。

实际上，循环流化床下部密相区的气固流动与上述简单的两相模型有较大的差别。主要是乳化相中的气体流速往往大于临界流化速度，气泡中气体流量不能简单地由 u_0-u_{mf} 给定，气泡中固体的体积含量为 0.2%～1.0%；乳化相并不稳定不变，乳化相空隙率在气体速度大于 u_{mf} 时不停留在 ε_{mf}，下部密相区不能仅用气泡相和乳化相两相来描述。因此，许多学者提出了各种修正模型。Kunmi 和 Levenspiel 提出的三相鼓泡流化床模型，能较好地适用于循环流化床下部密相区。

三相鼓泡流化床模型把密相区分成气泡相区、尾涡的气泡晕区以及乳化相区等三个相区。由于循环流化床中气体流速较高，气泡中气体流速略高于气泡上升速度 u_b，超过的部分穿过气泡而流出。尾涡与气泡晕中的气体则随着气泡一起向上流动。如果忽略气泡中气体速度高出气泡上升速度的那部分，则可以认为气泡、气泡晕与尾涡中的气体都以气泡速度 u_b 向上流动。

但是，忽略的那部分对于气泡相与气泡晕相之间的质量交换却是重要的。

在鼓泡流化床中，参照三个相区模型，气泡相与气泡晕相之间、气泡晕相与乳化相之间都存在剧烈的气体质量交换。

气泡相与气泡晕相之间的质量交换由两部分组成：一部分是由于气泡内大于气泡上升速度的气流穿过气泡顶部，形成环流使得两相之间引起气体交换；另一部分是由于两相之间的浓度差造成气体扩散。气泡晕相与乳化相之间的质量交换是由气体浓度差造成的气体扩散。相间质量交换与床体直径、临界流化状态、气泡直径、所在位置高度等因数有关。

3. 湍流流化床

当鼓泡流化床的气体流速继续提高时，气泡破裂的程度将加大，气泡尺寸变小，运动加剧。同时小气泡与乳化相之间的质量交换也更加激烈，小气泡内开始含有颗粒，小气泡与乳化相之间的界限越来越趋于模糊。由于小气泡的上升速度变慢，小气泡在床层中滞留时间延长，因而床层膨胀加大，而且床层的上界面也变得模糊起来。床层渐渐由鼓泡流化床向湍流流化床转型。

一种观点认为，湍流方式中气泡的分裂与他们的合并一样快，因此平均气泡尺寸很小，通常所理解的那种明确的气泡或气栓已看不出。另一种观点认为，湍流方式居中于鼓泡方式和快流化方式之间，鼓泡方式中，贫颗粒的气泡分布在富颗粒的乳化相中间；而在快速方式中，颗粒团分布在含少许颗粒的气体连续相中。湍流流化床最显著的直观特征是舌状气流，其中相当分散的颗粒沿着床体呈"之"字形向上抛射。虽然湍流床层与自由空域有一个界面，但远不如鼓泡方式时清晰。床面很有规律地周期上下波动，造成虚假的气栓流动现象。湍流方式中总的床层孔隙率一般为 0.7～0.8。

许多学者研究用床层的压力波动幅度来判断是否转变到湍流流态化。在鼓泡流化床内，当气体流速增大时，气泡运动逐渐加剧，床层压力波动的幅度渐渐变大。当流速增到 u_c 时，床层压力波动的幅度达到极大值，认为这时床层开始向湍流流化床转变。此后继续增加气流速度，床层内湍流度增加，压力波动幅度逐渐减小，直到气流速度达到 u_k 时，压力波动幅度基本不再发生变化，床层真正进入湍流流态化。所以，把 u_c 作为鼓泡床向湍流床转变的起始流型转变速度，把 u_k 作为床层完全转型为湍流床的速度。

湍流流化床的流型转变速度 u_k 与床内颗粒的尺寸、密度，流化床直径，操作条件等因素有关。当流化床内颗粒的尺寸或者密度加大时，气泡直径随之增大，临界流化速度也增大。于是在相同的气流速度下，床层内的压力波动幅度将加大，同时湍流床的流型转变速度也提高。

直径较小的流化床中，当床体直径增大时，湍流床的流型转变起始速度 u_c 将减小。这是由于一方面随着床体直径的增大，壁面效应的影响趋于减弱；另一方面是床体直径增大时气泡直径将减小。而且随着床径的增大，u_c 的减小越来越平缓，当床体直径大到一定程度以后，u_c 不再发生变化，即床体直径对于湍流床的流型转变速度已无影响。

流化床操作条件对湍流流化床流型转变的速度也有较大影响。操作压力的提高使得湍流床的流型转变速度减小，提前进入湍流流化床，有利于改善流化质量。随着操作温度的提高，气体的黏度增大，密度减小，临界流化速度将下降，因而湍流床流型转变速度有所加大。但是随着温度的提高，床层内压力波动的幅度却减小了。

四、稀相区的流动

循环流化床的上部是作为快速流化床的稀相区。快速流化床具有如下基本特征：固体颗粒粒度小，平均粒径通常在 100μm 以下，属于 Geldart 分类图中的 A 类颗粒；操作气速高，可高于颗粒自由沉降速度的 5～15 倍；虽然气速高，固体颗粒的夹带量很大，但颗粒返回床层的量也很大，所以床层仍保持了较高的颗粒浓度；快速流化床既不存在像鼓泡床那样的气泡，也不同于气力输送状态下近壁区浓而中间稀的径向颗粒浓度分布梯度，整个床截面颗粒浓度分布均匀。在快速流化床中存在着以颗粒团聚状态为特征的密相悬浮夹带。在团聚状态中，大多数颗粒不时地形成浓度相对较大的颗粒团，认识这些颗粒团是理解快速流化床的关键。大多数颗粒团趋于向下运动，床壁面附近的颗粒团尤为如此，与此同时，颗粒团周围的一些分散颗粒迅速向上运动。快速床床层的孔隙率通常为 0.75～0.95。与床层压降一样，床层孔隙率的实际值取决于气体的净流量和气体流速。

1. 最小循环量

床层要达到快速流态化的状态，除了必须超过一定的气体流速之外，还需有足够的固体循环量。当床层气流速度超过终端速度时，经过一段时间全部颗粒将被夹带出床层，除非是连续地循环补充等量物料，而且随着气流速度的增大，吹空整个床层的时间急剧变短。当气流速度达到某个转折点之后，吹空床层的时间变化梯度大大减缓。这时，床层进入快速流态化，该转折点的速度就是快速流态化的初始速度，被称为输送速度 u_{tr}。在输送速度下，床层进入快速流化床时的最小加料率被称为最小循环流率 $G_{s,min}$。

输送速度 u_{tr} 和最小循环流率 $G_{s,min}$ 可以由式（5-22）、式（5-23）来计算，即

$$u_{tr} = (3.5 \sim 4.0)u_t \tag{5-22}$$

$$G_{s,min} = \frac{u_{tr}^{2.25} \rho_g^{1.627}}{0.164 \left[g d_p (\rho_p - \rho_g) \right]^{0.627}} \tag{5-23}$$

当气速低于 u_{tr} 时，固体循环量对床层孔隙率无明显影响，气速一旦超过 u_{tr}，床层空隙率主要取决于固体循环量。因此，对任一细粒物料，当气速 $u=u_{tr}$ 时，床层达到饱和携带能力，物料便被大量吹出，此时必须补充等同于携带能力的物料量才能使床层进入快速流态化状态。超过最小循环量后，在相同气速下，对应不同的循环量可以有不同的快速床状态。在通常循环流化床 5m/s 的热态气速下，烟气对固体的携带若小于 0.7kg/m³（标准状态下），则循环流化锅炉整体处于鼓泡状态，若超过 1kg/m³（标准状态下），则上部进入快速床状态。

2. 颗粒团聚

在快速流化床中，颗粒多数以团聚状态的絮状物存在。颗粒絮状物的形成是与气固之间以及颗粒之间的相互作用密切相关的。在床层中，当颗粒供料速率较低时，颗粒均匀分散于气流中，每个颗粒孤立地运动。由于气流与颗粒之间存在较大的相对速度，使得颗粒上方形成一个尾涡。当上、下两个颗粒接近时，上面的颗粒会掉入下面颗粒的尾涡。由于颗粒之间的相互屏蔽，气流对上面颗粒的曳力减小了，该颗粒在重力作用下沉降到下面颗粒上。这两个颗粒的组合质量是原两个颗粒之和，但其迎风面积却小于两个单颗粒的迎风面积之和。因此，它们受到的总曳力就小于两个颗粒的曳力之和。于是该颗粒组合被减速，又掉入下面颗粒尾涡。这样的过程反复进行，使颗粒不断聚集形成絮状物。另外，由于迎风效应、颗粒碰撞和湍流流动等影响，在颗粒聚集的同时絮状物也可能被吹散解体。

由于颗粒絮状物不断地聚集和解体，使气流对于固体颗粒群的曳力大大减小，颗粒群与流体之间的相对速度明显增大。因此，循环流化床在气流速度相当高的条件下，仍然具有良好

的反应和传热条件。

　　3. 颗粒返混

　　在循环流化床内，气固两相的流动无论是气流速度、颗粒速度、还是局部空隙率，沿径向或轴向的分布都是不均匀的。颗粒絮状物也处于不断地聚集和解体之中。特别是在床层的中心区，颗粒浓度较小、空隙率较大，颗粒主要向上运动，局部气流速度增大；而在边壁附近，颗粒浓度较大，空隙率较小，颗粒主要向下运动，局部气流速度减小。因而造成强烈颗粒混返回流，即固体物料的内循环，再加上整个装置颗粒物料的外部循环，为流化床锅炉造就了良好的传热、传质和燃烧、净化条件。

五、循环流化床锅炉炉内气固流动的整体特性

　　早期对于循环流化床气动力特性的研究主要是对应用于重油的催化裂化流化床反应器的研究，它为后来发展起来的循环流化床锅炉提供了十分有用的流动特性资料。然而，循环流化床锅炉炉膛与催化裂化反应器还是有很大的不同的。它通常是一个大的方形或矩形燃烧室，床层颗粒为宽筛分分布，100%负荷时的气体流速一般为 5～8m/s，它处于床层颗粒筛分的终端速度分布之中，任何操作速度的变化都会改变所夹带的床层颗粒份额。循环床固体颗粒的循环率比催化反应器小一个数量级以上，从而使得颗粒的停留时间延长，这有利于固体颗粒的有效反应。在上部，固体颗粒浓度相当低，通常为 1%～3%。因此，循环流化床燃烧技术的这两个特点与催化裂化反应器有很大的不同。

　　大量的实验结果表明，无论是沿纵向还是横向，在炉膛内颗粒的分布都是不均匀的。对于工业性的循环流化床燃煤锅炉，沿轴向的颗粒浓度分布的特征是，在底部有一个高度大于 1m 的颗粒浓度 C_V（即 $1-\bar{\varepsilon}$）相对较高的区域（$1-\bar{\varepsilon}<0.25$），然后是向上延升数米的飞溅区，再上面是占据了炉膛大部分高度的稀相区，其中截面平均颗粒浓度 $C_V=(1-\bar{\varepsilon})$ 非常低，一般低于 1%。

　　实验表明，循环流化床燃烧设备的下部可看作一个鼓泡流化床，所以可以用鼓泡床的流动规律和模型来描述循环床下部的气固流动特性。在二次入口以上截面的平均颗粒浓度沿高度一般可用指数函数来表示，这和鼓泡流化床的悬浮区相类似。

　　通过实验发现，在循环床的上部区域，截面上截面浓度近似呈抛物线分布，即在床层中部颗粒浓度很稀，而在壁面附近颗粒浓度就较高。

　　在一个循环流化床锅炉中的固体颗粒流率的测量结果发现，在床中间颗粒一般向上流动，而在靠近壁面的区域，会出现颗粒向下运动，且越是靠近壁面颗粒向下流动的趋势越大，在离壁面一定距离范围内颗粒的净流率为负值，标志着颗粒流动的总效果为向下流动。这就是通常所说的循环流化床环—核流动结构。固体颗粒净流率为零的点一般定义为壁面区的外边界层或浓度较高的颗粒下流边界层。壁面层的厚度约为 1cm。在如此大的锅炉中这似乎很小，但是，它在整个床截面中占8%，所以从工程的角度上讲，这是不可不考虑的。同时实验也表明，壁面区的大小在矩形壁面的四角区域并无很大变化，但是其内的颗粒浓度和降落速度却高很多。

　　实验表明，在循环流化床内，固体颗粒常会聚集起来成为颗粒团在携带着弥散颗粒的连续气流中运动，这在壁面的下降环流中表面得特别明显。这些颗粒团的形状是细长的，孔隙率一般为 0.6～0.8。它们在炉子的中部向上运动，而当它们进入壁面附近的慢速区时，就改变它们的运动方向开始从零向下作加速运动，直到达到一个最大速度。

　　所测量到的这个最大速度为 1～2m/s。颗粒团一般并不是在整个高度上与壁面相接触的，在下降了 1～3m 后就会在气体剪切力的作用下，或其他颗粒的碰撞下发生破裂，它们也有可能自己从壁面离开。

　　在大多数循环流化床锅炉中壁面不是平的，它们或是由管子焊在一起或是由侧向肋片将相邻的两根管子连在一起。在每一个肋片处，由相邻管子构成深度为半个管子直径的凹槽，这将影响到颗粒在肋片上的运动。实验发现，颗粒会聚集在肋片处，在那儿的停留时间要大于停留在管子顶部的时间。

思考题

5.1　什么叫多数径？若已知粒径的频率分布函数，如何求解多数径？

5.2　测量粒径分布我们常用什么方法？使用该方法时，我们应该注意哪些问题？

5.3　什么叫颗粒群的堆积密度？它与视密度有什么关系？

5.4　什么叫空隙率？什么叫颗粒浓度？它们之间有什么关系？

5.5　什么叫流化床？它有哪些特点？

5.6　什么叫沟流？运行中消除沟流的有效办法有哪些？

5.7　在实际操作中，如何判断料层是否进入流化状态？处于流化状态时，料层阻力如何计算？

5.8　什么叫临界流化速度？它与哪些因素有关？

5.9　循环流化床装置系统由哪几部分组成？

5.10　什么叫稀相区？在该区域气固流动具有哪些特征？

第六章 生物质循环流化床锅炉传热

第一节 循环流化床锅炉的传热分析

一、循环流化床的主要传热过程

为了对循环流化床的传热特征进行分析，需要明确循环流化床的传热面分布情况，及其与其他锅炉形式在传热模式上的区别。循环流化床锅炉中传热面的分布情况如图 6-1 所示。首先，对于煤粉炉来说，其炉膛内由于烟气携带的飞灰浓度很低，因此主要通过辐射的方式将燃料燃烧释放的热量传递给受热面，为了保证足够的传热量，设计中要求煤粉炉的炉膛温度比较高。而循环流化床由于其炉膛内部有高浓度的固体物料的循环运动，因此不可忽视颗粒和气体的对流换热作用。而且因为循环流化床的床温保持在 850～900℃ 这个较低的范围内，所以烟气辐射换热量的份额与煤粉炉相比也比较小。因此，循环流化床锅炉炉膛内部的传热既要考虑到对流换热的影响，也要考虑到辐射换热的作用。其次，循环流化床锅炉与煤粉炉在尾部受热面的传热模式大致相同，因此只要稍加修正就可以按照煤粉炉的成熟设计方法来进行设计和传热计算。

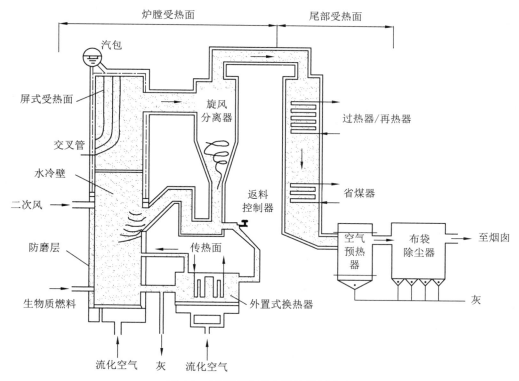

图 6-1 循环流化床中的传热面分布

根据图 6-1 中的循环流化床锅炉中的传热面分布，可知气固两相流的传热可分为如下四种情形：

（1）气体与固体颗粒间的传热，该传热过程存在于炉膛的两相流动过程中。

（2）床层与水冷壁间和屏式受热面的传热，该传热过程存在于炉膛的受热面与两相流之间。

（3）中温烟气与尾部热力设备间的传热，该传热过程存在于尾部受热面中。

（4）旋风分离器或其他一次分离器内的传热。

上述四种情形的传热可归纳为两类，一是两相流中气体与颗粒间的传热，二是气固两相流与壁面或管子的传热，或称为两相流与受热面之间的传热。表 6-1 中给出了上述各种传热情况下受热面的大致温度范围和总传热系数的数量级。

表 6-1　循环流化床锅炉中的总传热系数

受热面分布	受热面形式	典型传热系数数值 W/(m² · K)
炉内耐火层以上的水冷壁管（890～950℃）	蒸发受热面	110～200
炉膛内屏式受热面（890～950℃）	蒸发受热面，再热器与过热器	50～150
旋风分离器内部（890～900℃）	过热器	20～50
外置式换热器的水平管（600～850℃）	蒸发受热面，再热器与过热器	280～450
尾部受热面中的横向冲刷管换热器（200～800℃）	省煤器，过热器与再热器	40～85
烟气与床料间（177～420μm，50℃）	炉膛	30～200

接下来着重分析流化床中两类传热形式的传热机理与特点。

1. 气体与固体颗粒之间的传热

在循环流化床锅炉内，气体与固体颗粒之间的传热系数是相对较大的。这是因为床内气体与固体颗粒之间的滑移速度大，热边界层比较薄，传热热阻小。具体来说，虽然单个细颗粒的滑移速度比较小，但是由于在悬浮段细颗粒有团聚行为而形成大尺寸的颗粒团，因此和气体之间仍能保证较大的滑移速度。而固体颗粒之间的频繁碰撞也导致其热边界层较薄，强化了传热。此外，气体与固体颗粒以及固体颗粒间较大的传热系数使得炉膛温度表现出相当程度的均一性。因此，除在布风板上方一段不太高的区域中，由于温度较低的空气刚进入床层使得床温较低外，整个流化床的温度可看作是相等的。

因此在工程实际中，相对于床层与受热面间的传热系数计算，通常较少考虑气体与固体颗粒间传热系数的计算，但由上文的分析可知，在某些特定的情况下这种计算还是必须的：当气固两相流处于布风板附近的区域、固体进料口及二次风进口等处时，其温度与床层平均温度不同，这时热惯性对炉膛传热的影响是十分重要的；气体与固体颗粒间的传热也控制着循环流化床锅炉内过渡过程的响应特性，从而影响自控系统的特性。

2. 两相流与受热面之间的传热

具体来说，在循环流化床锅炉中，由于炉内气固两相混合物中固体颗粒浓度沿炉膛高度方向（或轴向）的分布不同，不同区段的传热方式（包括总传热系数）也不尽相同。其主要原因是循环流化床内固体颗粒浓度在高度方向分布不同，如图 6-2 所示。

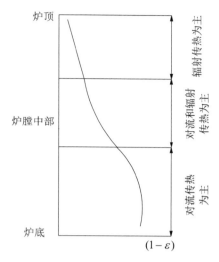

图 6-2　Pyroflow 型循环流化床锅炉沿炉膛高度主导传热方式随固体颗粒浓度的变化情况

由图 6-2 可见，以 ε 表示气体在气固两相混合物中所占份额时，$(1-\varepsilon)$则表示固体颗粒在气固两相混合物中所占份额。沿着炉膛高度方向，随着$(1-\varepsilon)$的减小，传热方式由炉膛下部的颗粒对流换热为主转变为颗粒对流换热和辐射换热的复合换热为主，继而转变为炉膛上部的颗粒和气体的辐射换热为主。同时，由于床内颗粒浓度分布沿高度增加方向下降，致使固体颗粒冲刷换热表面的频率和数量均下降，最终导致换热系数降低，部分的传热系数值示于表 6-2。而对于沿炉膛高度方向上某一截面的水平方向，由于边壁处颗粒浓度高于中心区域，因此床中心传热系数最小，而边壁处较大。

表 6-2　沿炉膛高度方向的主导传热方式及典型传热系数数值

炉膛部位	主导传热方式	典型传热系数 W/(m² · K)
上部	颗粒与气体的辐射换热	57～141
中部	颗粒对流换热及辐射换热	141～340
下部	颗粒对流换热	340～454

由于上述情况，在讨论循环流化床锅炉床层与受热面之间的传热时，要分别考虑床层下部密相区和床层上部稀相区（悬浮段）的传热形式。

（1）密相区与受热面之间的传热。循环流化床炉膛床层下部密相区的固体颗粒浓度较大，且多属湍流流态化区，因此流动状态类似于鼓泡流化床的流化状态，其传热也类似于鼓泡流化床。循环流化床密相区与受热面之间的传热包括颗粒对流换热、气体对流换热和气体辐射换热三种基本方式，但由于密相区内颗粒浓度很高且返混流动剧烈，气体对流换热作用较小，对受热面的辐射作用相对也较小，传热方式以颗粒对流换热为主。

对于密相区与受热面之间的传热模型，许多学者提出了不同的观点，在此仅对大多数学者公认的"颗粒团"模型进行简要说明。颗粒团模型由米克里（Mickley）和费尔班克斯（Fairbanks）于 1955 年提出，理论认为，可以将流化床中的气固两相流看成是许多"颗粒团"组成的，传热热阻来自贴近受热面的颗粒团，这种颗粒团也称为乳化团或乳化相，如图 6-3 所示。这一模型从宏观将床内颗粒连同其间的气体简化成了一种均匀连续的导热介质。在流化过程中，这些颗粒团在换热壁面附近周期性地交替。具体来说，在颗粒团与换热壁面接触时，发生非稳态导热，其传热速率首先较大，然后因传热温差的减小而不断降低，直至被另一个颗粒团所替代，再重复这一过程。因此，流化床与壁面之间的传热速率从总体上依赖于这些颗粒团与壁面的接触频率以及颗粒团与壁面接触时的换热速率。

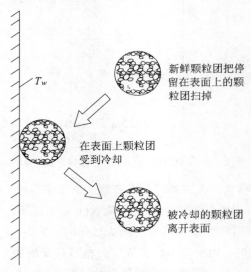

图 6-3   颗粒团传热模型示意图

应当指出，这种基于连续介质假设的颗粒团模型仅当受热表面附近的换热空间远大于颗粒粒径时才适用，也即该模型适用于粒径较小的情况。此时，对于颗粒团中直接与壁面表面接触的颗粒，在其滞留时间内冷却程度大，而其他不与表面接触的临近颗粒也将参与换热。相反，对于大粒径颗粒，若只有紧邻表面的一两层颗粒参与换热，则该颗粒团的假设将不再适用。

（2）床层稀相区（悬浮段）与受热面之间的传热。在炉膛床层上部的稀相区中，也可用颗粒团模型对其换热形式进行类似的解释，但该部分固体颗粒的流化速度比密相区大，多属于快速流态化区，颗粒浓度也比密相区小，因此颗粒团在上升的气流中不断成型和解体，这使得固体颗粒夹带量和返回床层的量都很大：大部分床料在床中间区域以分散相颗粒的形式随气流上升，而在靠近壁面的区域内以颗粒团的形式贴壁下滑。在下滑过程中，这些颗粒团又会被近壁处的上升气流打散而随之向上运动，在向上的运动中再次形成新的颗粒团贴壁下滑，周而复始。其传热机理示意如图 6-4 所示。因此床层稀相区向受热面的传热包括了气体对流换热、颗粒对流换热、气固两相流之间的辐射换热以及气固两相流与受热面的辐射换热几种形式。

而在对稀相区颗粒团与壁面间的传热热阻进行计算时，一般需要同时考虑颗粒团与壁面的接触热阻和颗粒团本身的导热热阻两部分。

总的来说，在稀相区床层颗粒浓度较小，颗粒对流换热份额下降，辐射换热份额变大。在炉膛最上部，颗粒和气体的辐射换热占主导地位。此外，在循环流化床上部稀相区极低颗粒浓度的情况下，气体对流换热将变得重要起来，因此在理论分析时需要进行考虑。

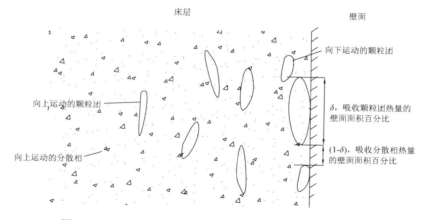

图 6-4　循环流化床稀相区中床层与受热面传热机理示意图

二、影响循环流化床传热的主要因素

由于循环流化床内存在着复杂的气固两相流动，各种因素对传热的影响又因三种不同传热方式而有显著的差别，加之锅炉结构布置的多样化，循环流化床锅炉炉内传热比较复杂。以下主要讨论影响床层与受热面之间传热的设计和运行因素。

1. 颗粒浓度

在循环流化床内，炉内传热系数随着床内悬浮固体物料浓度或颗粒浓度的增加而增大，传热过程强烈地受到床内物料颗粒浓度的影响。由颗粒团模型可知，炉内热量向受热面的传递，是由四周沿壁面向下流动的颗粒团和中心区域向上流动的含有分散颗粒的气流完成的，而其中颗粒团向壁面的导热强度（实际中为颗粒对流换热强度）比分散相颗粒的对流换热强度大，特别是较密的床层有较大份额的壁面被这些颗粒团所冲刷，即受热面在床层密相区得到的来自物料颗粒的热量传递比在床层稀相区多，加之固体颗粒的热容量也要比气体的大得多，所以物料颗粒浓度对总传热系数的影响是最主要的。图 6-5 反映了截面平均颗粒浓度对传热系数的影响。由图可见，颗粒浓度对炉内传热系数的影响比较显著。

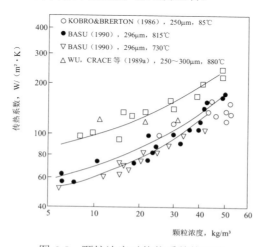

图 6-5　颗粒浓度对传热系数的影响

　　有的研究认为循环流化床中传热系数与悬浮颗粒密度的平方根成正比。由于悬浮段颗粒浓度分布沿床高通常按照指数形式衰减，因此如前所述，在不同炉膛高度上物料浓度不同，总的传热系数是不同的。其中，辐射换热和对流换热所占的份额的变化已由表 6-2 说明。容易看出，床内颗粒浓度对传热的影响反映的实际上是循环流化床锅炉中气固流体流动对传热的影响。

　　2. 颗粒尺寸

　　在鼓泡流化床中小颗粒的传热系数要比大颗粒的传热系数大。但是，在循环流化床中颗粒尺寸对传热系数的影响并不非常明显。实际运行结果表明，对于具有水冷壁的商业应用循环流化床锅炉，颗粒尺寸对传热系数无明显的直接影响。然而，在燃用宽筛分燃料的循环流化床锅炉中，如果细颗粒所占的份额增多，则会有较多的颗粒被携带到床层上部，增加了上部截面颗粒浓度，从而使传热加强。

　　3. 流化速度

　　在循环流化床中，若保持固体颗粒的循环量不变，随着流化速度的增加，一方面气体对流换热增强，另一方面又将使床层内颗粒浓度的减小而造成传热系数下降。再者，对于颗粒浓度较大的床下部密相区，由于颗粒对流换热实质上是以非稳态导热为主，传热系数随流化速度增大而减小；而对于颗粒浓度较低的稀相区，气体对流比较明显，传热系数可能随流化速度增加而增大。在这两种相反趋势的共同作用下，使得固体颗粒浓度一定时，传热系数在不同流化速度下变化很小，如图 6-6 所示。

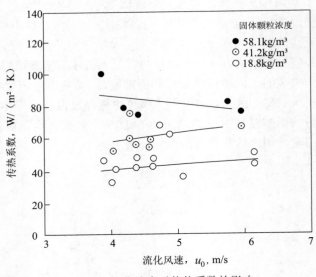

图 6-6　流化速度对传热系数的影响

　　4. 床层温度

　　在循环流化床的密相区中，随着床层温度的升高，传热系数基本呈线性增大。床温升高导致壁面处气体边界层的导热系数增大，热阻减小，同时，辐射换热也会增强。两者的综合作用如图 6-7 所示。

　　由图可见，对于颗粒浓度相对高的情形（20kg/m³），传热系数随温度的升高线性增加（在炉膛上部由于辐射换热起主要作用情况会有所不同）。

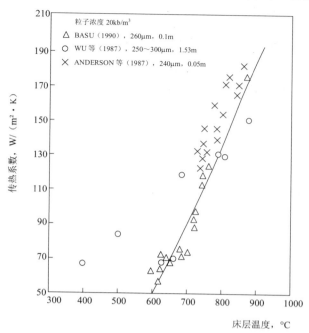

图 6-7 床层温度对传热系数的影响

实际上，床温对传热系数的影响更为重要的是反映在对辐射换热系数份额的影响上。关于不同床温情况下，辐射换热在总的传热中所占比例，目前看法还不尽一致。但多数学者认为，当床温低于 600℃时，辐射换热所占比例很小，可以忽略；而当床温达到 800℃时，则必须考虑辐射换热的贡献。有试验表明，在床温为 850～950℃时的辐射换热份额为 20%～40%。

因此，有些循环流化床锅炉在循环量不能达到设计要求的情况下，会采用提高床温的办法来提高传热系数，以保证锅炉出力。

5．循环倍率

在一定的气体流速下，物料循环倍率增大，即返送回炉内床层的物料增多，炉内物料量加大，床内物料的颗粒浓度增加，传热系数增大。因此，物料循环倍率越大，炉内传热系数越大，反之亦然。可见，物料循环倍率对炉内传热的影响，实质上反映的是颗粒浓度对炉内传热系数的影响。

6．受热面结构与布置

（1）受热面管径。在受热面管径不是很大的情况下（小于颗粒直径时），传热系数随管径的增大而有所减小，其主要原因是当管径增大时，固体颗粒在管子周围停留时间增加；但当管径远大于颗粒粒径时，管径大小对传热几乎无影响。另外，单根竖管传热系数比水平管高；管束的传热系数比单管小，并与节距有关。

（2）肋片。由传热学知识可知，肋片（即扩展表面）能够强化传热。在循环流化床锅炉中，也常常采用肋片来强化壁面换热。肋片的形式可以是焊接于管子表面的竖直金属条，即侧向肋（鳍片），也可以是针肋。有肋片相连接的管排构成膜式水冷壁，成为锅炉包覆面，侧向肋片增加了壁面的吸热。但此时仅有一面暴露于烟气中从炉膛吸收热量，另一面得不到利用。

在管子顶部焊接的扩展肋片则可使两面都参与传热。这种扩展肋片还可以相对方便地增减，从而可对炉内的换热面积进行微调。

（3）悬挂受热面。对于大容量循环流化床锅炉，在炉内壁面不能布置足够的受热面时，可以在炉内悬挂受热面或增加流化床外部换热器。悬挂受热面或者是集中在炉子的一边（管屏），或者是水平布置在炉子中部（Ω管），如图6-1左上角所示。不少研究者在试验台上测量了室温下炉膛同一高度传热系数的横向分布，发现越靠近壁面处传热系数越大，这与局部颗粒浓度的变化是一致的。然而对于高温炉膛，情况就会发生改变。在远离壁面的地方，颗粒的对流换热虽然较低，但由于炉内中心区的角系数最大，辐射换热作用大大增强，总传热系数在远离壁面处稍高或大致等于壁面处的传热系数，颗粒浓度较低时尤其如此。另外，高颗粒浓度时由于颗粒对流的增强，其变化情况则也有可能相反。

（4）受热面垂直长度。受热面的垂直长度也对传热系数有影响，比如炉内颗粒浓度较高时，如果受热面的垂直长度较长，顺着壁而下滑的颗粒团有足够的时间被冷却，从而形成一个比炉膛中心区温度低的热边界层，部分削弱了中心区对受热面辐射换热的影响。需要注意的是，传热系数虽然随长度不断减小，但其下降速度也越来越小。随着颗粒团沿传热壁面的下落，温度逐渐接近壁面温度，从而使壁面与颗粒团贴壁层之间的温差逐渐减小，导致计算出的传热系数随着受热面的长度而减小。而在实际的锅炉中，对于一个特定的颗粒团来说，它也不可能沿着壁面无限地下滑，颗粒团下落到某一高度后，要么返回到床中心，要么破散并被新的颗粒团代替，因此，在经过一定的纵向长度受热面后，传热系数就逐渐趋向一个稳定值。

第二节　循环流化床锅炉的传热计算

由上节的分析可知，循环流化床的传热部位主要分为炉膛受热面和尾部受热面，为了获得整个循环流化床锅炉的吸热量，需要依次对这两部分进行传热计算，然后进行累加。本节根据已公开发表的文献并考虑工程上的方便和可行性，经过进一步整理和修订，得到以下基本设计计算法以供参考。

一、炉膛受热面的吸热量计算

循环流化床炉膛受热面主要采用有肋片相连接的管排构成的膜式水冷壁，典型结构如图6-8所示。正如前述，近壁区存在颗粒浓度很高的贴壁下降流。床层与受热面的传热由床中心上升流动的烟气及其夹带的物料与近壁区物料的热量交换、质量交换，以及近壁区气固两相流与壁面的对流和辐射两步完成。近壁区下降流与壁面之间存在着5～10mm的边界层，辐射换热几乎全部发生在近壁区内，辐射换热面积即可近似为受热面的外表（床侧或烟气侧）总面积 A_g，对流也是发生在烟气侧总面积 A_g 上，故循环流化床锅炉燃烧室受热面的传热面积是曲面总面积 A_g。

循环流化床锅炉炉膛受热面的吸热量按下式计算

$$Q = KA_g\Delta T \tag{6-1}$$

式中，Q 为炉膛受热面换热量，W；K 为基于烟气侧总面积的总换热系数，W/(m²·K)；ΔT 为为床温与受热面内工质温度之差，K；A_g 为烟气侧总面积，m²。

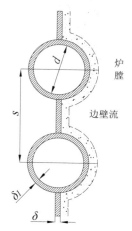

图 6-8 炉膛膜式壁受热面结构

炉膛受热面的换热系数 K 按下式计算，其中热阻包括四部分：烟气侧热阻 $\dfrac{1}{h_b^0}$，工质侧热阻 $\dfrac{1}{h_m}\cdot\dfrac{A_g}{A_m}$，受热面本身的热阻 $\dfrac{\delta_1}{\lambda}$，以及附加热阻 ρ_{as}。

$$K = \cfrac{1}{\dfrac{1}{h_b^0} + \dfrac{1}{h_m}\cdot\dfrac{A_g}{A_m} + \dfrac{\delta_1}{\lambda} + \rho_{as}} \tag{6-2}$$

式中，h_b^0 为烟气侧向壁面总表面的折算换热系数，W/(m²·K)；h_m 为工质侧换热系数，可按有关标准求取，W/(m²·K)；A_m 为工质侧总面积，m²；δ_1 为受热面管壁厚度，m；λ 为受热面金属导热系数，可从相关手册中查取，W/(m·K)；ρ_{as} 为附加热阻，m²·K/W。

烟气侧向壁面总表面的折算换热系数按下式计算：

$$h_b^0 = \left[P(\eta - 1) + 1 \right]\frac{h_b}{1 + \rho_s h_b} \tag{6-3}$$

式中，P 为肋片面积系数，$P = \dfrac{A_{fin}}{A_g}$；A_{fin} 为肋片面积，m²；η 为肋片效率；h_b 为烟气侧换热系数，W/(m²·K)；ρ_s 为受热面污染系数，取为 0.0005，m²·K/W。

肋片面积系数按下式计算：

$$P = \frac{A_{fin}}{A_g} = \frac{s - d}{s - \delta + \left(\dfrac{\pi}{2} - 1\right)d} \tag{6-4}$$

式中，s 为管间距，m；δ 为肋片厚度，m；d 为管内径，m。

具体尺寸指代如图 6-8 所示。

肋片效率按下式计算：

$$\eta = \frac{\text{th}(\beta H'')}{\beta H''} \qquad (6-5)$$

式中，β 与受热面受热情况、膜式壁肋片结构尺寸和材料等有关，可表示为

$$\beta = \sqrt{\frac{Nh_b(H+\delta)}{\delta\lambda(1+\rho_s h_b)}} \qquad (6-6)$$

式中，N 为受热面的受热情况，单面受热 $N=1$，双面受热 $N=2$。

肋片有效宽度 H'' 为

$$H'' = \frac{H'}{\sqrt{N}} \qquad (6-7)$$

上式中肋片折算宽度 H' 为

$$H' = \frac{H}{\mu} \qquad (6-8)$$

上式中肋片实际宽度 H 为

$$H = \frac{s-d}{2} \qquad (6-9)$$

根据实验和运行数据可得肋片宽度系数 μ 与结构尺寸的函数关系：

$$\mu = f\left(\frac{s}{d}\right) \qquad (6-10)$$

当 $\frac{s}{d} = 1.3$ 时，$\mu = 0.97$；当 $\frac{s}{d} = 1.7$ 时，$\mu = 0.9$。

式（6-2）中的附加热阻 ρ_{as} 包括壁面污染和受热面耐火层所导致的热阻，壁面污染即指炉膛表面结渣，灰渣层造成的热阻称为积灰系数 ρ，则有

$$\rho_{as} = \rho + \frac{\delta_a}{\lambda_a} \qquad (6-11)$$

式中，ρ 为积灰系数，$m^2 \cdot K/W$；δ_a 为受热面耐火层厚度，m；λ_a 为受热面耐火层导热系数，可从相关手册公式计算或数值查取，$W/(m \cdot K)$。

积灰系数 ρ 与燃料种类和水冷壁形式有关，对于生物质锅炉，需要依据实际运行测量数据对积灰系数进行选取。

由以上吸热量计算分析可知，公式中只有烟气侧换热系数 h_b 为未知数，该参数的计算为炉膛受热面吸热量计算中的主要困难所在，以下主要介绍两种应用较广的模型：宽筛分传热模型和工业简化模型，来讲解烟气侧换热系数 h_b 的计算方法。

二、宽筛分传热模型

根据第五章内容可知，燃料筛分是指燃料颗粒粒径大小的分布范围。如果颗粒粒径粗细范围较大，即筛分较宽，就称作宽筛分；颗粒粒径粗细范围较小，就称作窄筛分。循环流化床锅炉往往采用宽筛分颗粒，在中国工业使用中尤其如此。

在循环流化床宽筛分气固两相流动换热过程中，一般在上部稀相区换热计算和下部密相区换热计算时，首先要按不同的流动模型计算流动参数，然后按照具体的过程进行换热系数的计算。但如前所述，不管是密相区还是稀相区，循环流化床中都包含分散固体颗粒和颗粒团两部分，这两部分都将与壁面进行换热。为了方便地计算这种换热，巴苏（Basu.P）和弗雷泽（Fraser）基于流化床颗粒团换热模型，提出了这两个部分与壁面的交替换热数学模型。该模型认为，颗粒团与固体颗粒分散相交替地与床壁面接触，假定 δ_c 是被颗粒团覆盖的壁面面积的时均百分率（%），用 h_c 表示对流换热系数，h_r 表示辐射换热系数，则壁面的换热系数可表示为 h_c 与 h_r 之和，即

$$h_b = h_c + h_r \tag{6-12}$$

$$h_c = \delta_c h_{cc} + (1 - \delta_c) h_{dc} \tag{6-13}$$

$$h_r = \delta_c h_{cr} + (1 - \delta_c) h_{dr} \tag{6-14}$$

式中，h_{cc} 为颗粒团对壁面的对流换热系数，$W/(m^2 \cdot K)$；h_{dc} 为固体颗粒分散相对壁面的对流换热系数，$W/(m^2 \cdot K)$；h_{cr} 为颗粒团对壁面的辐射换热系数，$W/(m^2 \cdot K)$；h_{dr} 为固体颗粒分散相对壁面的辐射换热系数，$W/(m^2 \cdot K)$。

在任何时刻，循环流化床锅炉的壁面一部分被颗粒团所覆盖，其余部分则是暴露在固体颗粒分散相中，如图 6-3 和图 6-4 所示，颗粒团覆盖壁面，其时间平均覆盖率

$$\delta_c = 0.5 \left(\frac{1 - v_w - Y}{1 - v_c} \right)^{0.5} \tag{6-15}$$

式中，v_w 为换热壁面的空隙率，%；Y 为固体颗粒分散相中固体颗粒的百分比，从床中心向壁面不断增加，在壁面处其值最大，%；v_c 为颗粒团的空隙率，%。

研究发现，径向空隙率的分布仅与径向无量纲距离 (r/R) 和截面空隙率的平均值 v 有关，简化计算时可按以下经验公式计算：

$$v(R) = v_w = v^n \tag{6-16}$$

式中，n 为实验确定的值，可取 3.811。

1. 对流换热系数计算

对流换热包括颗粒团与分散相颗粒的对流换热两部分，即式（6-13）所示。其中：

（1）颗粒团对流换热。在循环流化床的炉膛中，颗粒团沿着壁面下滑，在与壁面接触后，颗粒团要么破裂消失，要么运动到炉膛内的某一处。而颗粒团与壁面接触时，颗粒团与壁面间发生非稳态导热。在传热过程的初始阶段，颗粒团中只有紧靠壁面的颗粒向壁面导热，其温度水平降至与壁面温度接近的水平。当颗粒团贴壁时间足够长时，颗粒团内部的颗粒也参与向壁面的非稳态放热。分析壁面与颗粒团之间的非稳态导热可以得到局部换热系数的瞬时值 h_t，$W/(m^2 \cdot K)$。

$$h_t = \sqrt{\frac{\lambda_c c_c \rho_c}{\tau \pi}} \tag{6-17}$$

式中，λ_c 为颗粒团的导热系数，可从颗粒团模型的相关文献查出，$W/(m \cdot K)$；c_c 为颗粒团的

比热容，kJ/(kg·K)；ρ_c 为颗粒团的密度，kg/m³；τ 为时间，s。

由于颗粒团的非稳态导热模型是基于鼓泡床颗粒小团的导热类比得到，因此可以近似认为颗粒团的性质与鼓泡床中的乳化相性质相同，那么可得颗粒团比热容和密度为

$$c_c = \left[(1 - v_c) c_p + v_c c_g \right] \tag{6-18}$$

$$\rho_c = \left[(1 - v_c) \rho_p + v_c \rho_g \right] \tag{6-19}$$

式中，下标 g 表示气体的参数，下标 p 表示物料颗粒的平均参数。

假定颗粒团与壁面的平均接触时间为 τ_c (s)，则其平均换热系数为

$$h_{cc} = \frac{1}{\tau_c} \int_0^{\tau_c} h_t \mathrm{d}\tau = \sqrt{\frac{4\lambda_c c_c \rho_c}{\tau_c \pi}} \tag{6-20}$$

在快速流化床中，颗粒团与壁面间的传热热阻主要有两部分：一是颗粒团与壁面的接触热阻；二是颗粒团非稳态导热过程的平均热阻。接触热阻可根据相应的气体薄层厚度（近似看成 $d_p/10$）的热阻来计算。最终，传热分量 h_{cc} 可由下式计算：

$$h_{cc} = \frac{1}{\dfrac{d_p}{10\lambda_g} + \left[\dfrac{\tau_c \pi}{4\lambda_c c_c \rho_c} \right]^{0.5}} \tag{6-21}$$

其中气体导热系数 λ_g 可按定性温度为气体薄层的平均温度进行确定，平均接触时间 τ_c 的相关理论还不够完善，可近似采用下式计算：

$$\tau_c = \frac{L}{U_t - U_{min}} \tag{6-22}$$

式中，L 为埋管长度，m；U_t 为截面平均流化速度，m/s；U_{min} 为最小流化速度，m/s。

对于较长的连续传热面，如实际循环床锅炉内的情况，颗粒团的贴壁时间会比较长。这时与接触热阻相比，颗粒团中的非稳态导热热阻（分母中第二项）就变得更为重要，从而减弱了固体颗粒粒径对换热系数的影响。

对于颗粒团贴壁时间较短的情况，式（6-21）中的接触热阻（分母中第一项）就显得比较重要，在这种情况下，换热限于颗粒群的贴壁层。由此，对于粗大颗粒群及贴壁停留时间短的情况，颗粒团对流换热系数 h_{cc} 计算式可简化为

$$h_{cc} = \frac{10\lambda_g}{d_p} \tag{6-23}$$

正如上节讨论过的，颗粒团贴壁时间（或竖直换热长度）对换热系数的影响是逐渐减小的。因此，对于大型循环流化床锅炉来说，换热系数对贴壁时间的敏感度较小，由于估算颗粒团贴壁时间或颗粒团贴壁存在时间所引起的误差,在实际的循环床锅炉设计中对计算总的换热系数影响不大。

以上是基于颗粒团模型推导而来的颗粒团换热系数理论计算式，除此之外，还有很多基于实验的准则关联式可供选择，这些实验关联式针对具体的流化床结构得出,适用性各有不同,

因此不再赘述，可根据具体计算需要选用。

（2）分散相固体颗粒对流换热。在流化床中，壁面除了与颗粒团接触外，壁面还与床中的上升气流接触，而在上升气流中含有分散的固体颗粒，因此需要研究分散相与壁面的换热。具体来说,可以采用巴苏等人基于稀相区气固混合物而导出的换热系数计算公式来近似计算分散相换热系数。

$$h_{dc} = \frac{\lambda_g}{d_p} \cdot \frac{c_p}{c_g} \cdot \left(\frac{\rho_{dis}}{\rho_p}\right)^{0.3} \cdot \left(\frac{U_t^2}{gd_p}\right)^{0.21} \cdot Pr \qquad (6-24)$$

式中，ρ_{dis} 为分散相颗粒密度，kg/m^3；Pr 为普朗特数。

其中，分散相固体颗粒的密度 ρ_{dis} 按下式计算：

$$\rho_{dis} = \left[\rho_p Y + \rho_g(1-Y)\right] \qquad (6-25)$$

式中各符号含义与前文相同。

通过分析易知，室温情况下可以忽略辐射分量时，式（6-24）给出了对流换热系数的低限，而式（6-23）则给出对流换热系数的高限。这高、低限虽然对于炉膛实际换热系数的计算意义不太，但它们对于调节控制循环流化床锅炉的负荷具有重要意义，在实际循环床锅炉的设计和运行中有参考价值。

式（6-25）中一个主要的不确定因素是分散相中固体颗粒体积浓度百分数 Y（%）。当 Y 取 0.001%时，计算值与实验数据吻合较好。不过，对于总的换热系数，在很多情况下对 Y 的取值不太敏感。

需要注意的是，式（6-24）只是分散相换热系数的一种经验计算方法，在实际计算时，仍有其他学者的研究理论和相关计算公式可供使用，这些公式大多为类似于式（6-24）的实验关联式形式，因此不再赘述。

2. 辐射换热系数计算

在循环流化床炉膛特别是快速床炉膛中，辐射换热是传热的一种重要方式，尤其是在高温（>700℃）和低床密度（<30kg/m³）的情况下更为重要。这里采用工程计算简化条件，假定两相流、壁面都是等温的灰体。循环流化床中的辐射换热包括两部分，一部分主要来自与壁面接触的颗粒团的辐射，另一部分是固体颗粒分散相向壁面的辐射。床层向壁面的总辐射换热系数计算式为式（6-14），以下讨论其中各项的计算。

（1）分散相固体颗粒的辐射换热。由传热学可知，固体颗粒分散等效辐射换热系数可按下式计算：

$$h_{dr} = \varepsilon_{d,sys}\sigma \frac{T_b^4 - T_w^4}{T_b - T_w} \qquad (6-26)$$

$$\varepsilon_{d,sys} = \frac{1}{\dfrac{1}{\varepsilon_d} + \dfrac{1}{\varepsilon_s} - 1} \qquad (6-27)$$

式中，$\varepsilon_{d,sys}$ 为分散相固体颗粒系统黑度；ε_d 为分散相颗粒的黑度；ε_s 为水冷壁表面发射率，可由相关手册中的表面辐射特性查得；σ 为黑体辐射常数，$5.67 \times 10^{-8}\ W/(m^2 \cdot K^4)$。

T_b 为床层温度，应由具体生物质燃料种类和具体形式炉膛的热平衡计算得到，K；T_w 为受热面（水冷壁）表面温度，K，按下式计算：

$$T_w = T_m + \Delta T_w \tag{6-28}$$

式中，T_m 为受热面内工质侧温度，K；ΔT_w 为水冷壁管壁内外侧温差，K，与受热形式、管子结构、床温及管内工质温度及其换热系数有关，可按下式计算：

$$\Delta T_w = 0.7(T_b - T_m)N\left(\frac{A_{fin}}{A_g}\right)^{\omega}\frac{1000}{h_m} \tag{6-29}$$

式中，h_m 为工质侧换热系数，W/(m²·K)；ω 为与受热面材质有关的系数，如对于材质为碳钢的水冷壁取为 0.4，材质为合金钢的过热器、再热器取为 1。

其他符号含义如前所述。

在颗粒浓度不大的介质中，如在鼓泡流化床的分散相，考虑了烟气中气体辐射但未考虑漫反射影响时，式（6-27）中的分散相颗粒的黑度 ε_d 按下式计算：

$$\varepsilon_d = \varepsilon_g + \varepsilon_p - \varepsilon_g\varepsilon_p \tag{6-30}$$

式中，ε_p 为颗粒有效（修正）黑度；ε_g 为气体黑度，可用相关工业简化模型计算。

对于颗粒浓度不大的介质，可用下式来估算上式中分散相颗粒相对于无颗粒团覆盖表面的有效黑度，即床内的悬浮颗粒黑度

$$\varepsilon_p = 1 - \exp\left(-1.5\varepsilon_{p,s}\frac{sY}{d_p}\right) \tag{6-31}$$

式中，$\varepsilon_{p,s}$ 为颗粒平均黑度；s 为气体辐射空间的有效长度，m，由下式计算：

$$s = \frac{3.5V}{A} \tag{6-32}$$

式中，V 为床的气体辐射体积，m³；A 为床气体辐射体积对应V的包壁面积，m²。

上式中的颗粒表面（床层）平均黑度 $\varepsilon_{p,s}$ 按照下式计算：

$$\varepsilon_{p,s} = 1 - \exp(-C_c C_p^{n_1}) \tag{6-33}$$

其中 C_c 取 0.1～0.2，C_p 为物料空间浓度(kg/m³)，指数 n_1 取 0.2～0.4。

以上各式中的其他符号含义与前文相同。

需要说明的是，当快速床中有效辐射换热分量的实验和工业数据积累较多时，式（6-31）中的 Y 值才有可能近似确定。

另外，由相关研究表明，若 s 和 Y 的取值使 ε_p 超过 0.5～0.8 的范围，则必须考虑漫反射的影响，可以直接对上式进行修正，或采用以下经验公式进行计算：

$$\varepsilon_d = \sqrt{\frac{\varepsilon_{p,s}}{(1-\varepsilon_{p,s})B}\left(\frac{\varepsilon_{p,s}}{(1-\varepsilon_{p,s})B}+2\right)} - \frac{\varepsilon_{p,s}}{(1-\varepsilon_{p,s})B} \tag{6-34}$$

式中，B 为反射常数，对各向同性漫反射 $B=\dfrac{1}{2}$，对漫反射颗粒 $B=\dfrac{2}{3}$。

（2）颗粒团的辐射换热。颗粒团的辐射换热系数 h_{cr}，可以将式（6-27）中的 ε_d 换成 ε_c 后将该式推广为计算颗粒团系统黑度 $\varepsilon_{d,sys}{}'$ 时使用

$$\varepsilon_{d,sys}{}'=\frac{1}{\dfrac{1}{\varepsilon_c}+\dfrac{1}{\varepsilon_s}-1} \tag{6-35}$$

上式中的颗粒团黑度 ε_c 可使用基于颗粒群的多相反射推导得出的计算式

$$\varepsilon_c=\frac{1+\varepsilon_{p,s}}{2} \tag{6-36}$$

对于较长的连续表面，可以推测，固体颗粒贴壁面下滑时壁面吸收颗粒的热量从而使颗粒冷却。因此，对于循环流化床锅炉中的膜式水冷壁，与绝热壁面上的较短的传热面相比，辐射换热系数要小些。

在循环流化床锅炉中，壁面通常是管屏的形式，床中的颗粒密度较小，尤其是在布置受热面的上部区域，其值较小。因此，稀相区的辐射换热占有主导地位。由此，在估算换热分量时，用设计表面的投影面积来估算辐射换热分量，而用总的表面积来估算对流换热分量较为合适。式（6-35）、式（6-36）对于大型循环流化床锅炉较为合适，但不适用于小型循环流化床和实验室耐火层壁面的辐射换热。

三、工业简化模型

原则上，采用上述介绍的宽筛分传热模型求取 h_c 和 h_r 较为符合实际情况，其中考虑的影响因素和修正也较为全面合理，但容易看出计算步骤较为繁琐，在工程中一些只需要对换热系数进行大致估算的场合并不方便使用。这里再介绍一种工程上的简化计算模型。

1. 对流换热系数计算

对流换热系数由烟气对流换热和颗粒对流换热两部分组成，即

$$h_c=h_{gc}+h_{pc} \tag{6-37}$$

式中，h_{gc} 为烟气对流换热系数，$W/(m^2 \cdot K)$；h_{pc} 为颗粒对流换热系数，$W/(m^2 \cdot K)$。

其中烟气对流换热系数按下式估算：

$$h_{gc}=C_{gc}w_g \tag{6-38}$$

式中，C_{gc} 为烟气对流系数，$J/(m^3 \cdot K)$，取值范围为 4～5；w_g 为烟气速度，m/s。

而颗粒对流换热系数按下式估算：

$$h_{pc}=C_{pc}w_g^{\frac{1}{2}}h_{pc}^0 \tag{6-39}$$

式中，h_{pc}^0 为初始流态条件下颗粒对流理论换热系数，其值与颗粒的粒度、温度、受热面布置有关；C_{pc} 为颗粒对流系数，可按下式计算：

$$C_{pc}=1-\exp(C_c{}'C_p{}'^{m_2}) \tag{6-40}$$

其中 C_c' 取 0.15~0.3，C_p' 为炉膛水冷壁近壁区的局部物料空间浓度（kg/m³），炉膛水冷壁的物料浓度分布详见相关文献，在近壁区局部物料浓度计算困难的情况下，可近似使用炉膛特征物料浓度进行替代。上式中指数 n_2 取 0.1。

2. 辐射换热系数计算

工业简化模型中的等效辐射换热系数计算式也可以使用类似于式（6-26）的形式：

$$h_r = \varepsilon_{sys} \sigma \frac{T_b^4 - T_w^4}{T_b - T_w} \tag{6-41}$$

式中，T_b 为床层温度，K；T_w 为水冷壁管壁温度，K；ε_{sys} 为烟气侧的系统黑度。

式中的壁面与烟气侧的系统黑度 ε_{sys} 可写作

$$\varepsilon_{sys} = \frac{1}{\dfrac{1}{\varepsilon_b} + \dfrac{1}{\varepsilon_w} - 1} \tag{6-42}$$

式中，ε_b 为烟气侧黑度；ε_w 为水冷壁壁面黑度，一般为 0.5~0.8。

在气固两相中，烟气侧黑度 ε_b 包括颗粒黑度和烟气黑度两部分，计算公式类似式（6-30）：

$$\varepsilon_b = \varepsilon_g + \varepsilon_p - \varepsilon_g \varepsilon_p \tag{6-43}$$

式中符号含义如前所述。这里，ε_p 可用式（6-31）计算。此外，模型还认为 $\delta_c \approx 0$，$\varepsilon_p \approx \varepsilon_d$，气体辐射黑度可用工业上分析得到或经过简化的计算式进行计算，这里不再赘述。

四、尾部受热面传热计算

前面系统介绍了锅炉的炉膛传热计算。作为炉内传热的另一部分，我们需要了解尾部受热面（又称对流受热面）的传热计算方法。对流受热面是指布置在锅炉烟道中受热烟气直接冲刷以对流换热方式为主的那一部分受热面，如锅炉管束或烟管、过热器、省煤器、空气预热器等。这些受热面尽管在构造、布置以及工质和烟气的热工参数等方面有很大差别，但其传热过程相似，传热计算可按同样的方式进行。

对流换热计算的任务是在已知要求传递的热量时，确定所需的受热面，或在已知受热面时，确定传递的热量。在实际计算时，通常是先把受热面布置好，再进行传热计算，按受热面传热方程计算的传热量与受热面热平衡方程的传热量比较，两者相差应不大于±2%。

$$Q_{传热} = Q_{热平衡}$$

1. 传热方程传热量计算

对流受热面的传热量 Q 与受热面 A、受热面传热系数 K 和冷、热流体间的温差 ΔT 成正比，其传热方程为

$$Q = KA\Delta T \tag{6-44}$$

在计算时，通常以每千克燃料为基础，则传热方程为

$$Q_c = \frac{KA\Delta T}{B_{cal}} \tag{6-45}$$

式中，B_{cal} 为燃料质量，kg。

烟气在管外冲刷受热面时，受热面积均按管子外侧（烟气侧）表面积计算；烟气在管内

流通的烟管，受热面按管子内径计算；管式空气预热器的受热面积按烟气侧与空气侧的平均表面积计算。

2. 热平衡方程传热量计算

在热平衡方程式中，烟气放出的热量等于水、蒸汽或空气吸收的热量：

$$Q_{co} = Q_{ci} \tag{6-46}$$

其中，烟气对工质的放热量 Q_{co} 按下式计算

$$Q_{co} = \varphi(I_g' - I_g'' + \Delta\alpha I_{air}^0) \tag{6-47}$$

式中，φ 为保热系数，定义和计算方法见第四章；I_g' 为受热面入口处的烟气焓，kJ/kg；I_g'' 为受热面出口处的烟气焓，kJ/kg；$\Delta\alpha$ 为漏风系数，按经验数据取用；I_{air}^0 为空气焓，对空气预热器，按空气平均温度计算，对其他受热面，按冷空气温度计算，kJ/kg。

工质吸热量 Q_{ci} 按下式计算

$$Q_{ci} = \frac{D}{B_{cal}}(i'' - i') - Q_{r,F} \tag{6-48}$$

式中，D 为工质流量，kg/s；i' 为工质进口焓，kJ/kg；i'' 为工质出口焓，kJ/kg；$Q_{r,F}$ 为受热面接受来自炉膛的辐射热量，kJ。

式（6-48）为计算工质吸热量的通用计算式，而对于尾部受热面的一些特定情况，工程上对于具体受热位置不同有如下经验计算式：

（1）当炉膛出口布置凝渣管束或锅炉管束时，如管子排数等于或多于 5 排，则炉膛出口烟窗的辐射量可认为全部被管束吸收，当管子排数较少时，则部分热量穿过管束为其后部的受热面所吸收，此时管束吸收的炉膛辐射热量 $Q_{r,F}$ 为

$$Q_{r,F} = \frac{\varphi_{ct} y q_r A_E''}{B_{cal}} \tag{6-49}$$

式中，q_r 为炉膛受热面的平均热负荷，由前文所述的炉膛受热面的热负荷计算结果中得出，kJ；A_E'' 为炉膛出口烟窗面积，m²；y 为炉膛受热面热负荷分布不均匀系数，当出口窗在炉膛上部时，$y=0.6$，当出口窗在炉墙一侧时，$y=0.8$；φ_{ct} 为管束角系数。

（2）对于空气预热器，其中的空气吸热量 Q_{aph} 为

$$Q_{aph} = \left(\beta_{aph}'' + \frac{\Delta\alpha_{aph}}{2}\right)(I_{aph}^0{}'' - I_{aph}^0{}') \tag{6-50}$$

式中，β_{aph}'' 为空气预热器出口过量空气系数；$\Delta\alpha_{aph}$ 为空气预热器空气侧漏风系数，可按相关手册公式计算；$I_{aph}^0{}'$ 为空气预热器进口处的理论空气焓，kJ/kg；$I_{aph}^0{}''$ 为空气预热器出口处的理论空气焓，kJ/kg。

3. 尾部受热面传热系数计算

锅炉对流受热面的传热过程是用热烟气来加热水、蒸汽及空气，而热烟气与被加热的工

质分别在受热面的两侧互不相混，热量从热烟气穿过管壁传给被加热的工质。因此，传热过程是由三个串联的换热环节所组成：

（1）热烟气对外壁面的放热。

（2）从外壁面穿过管壁到内壁面的导热。

（3）内壁面对管内流体的放热。

由传热学知，热量的传递有三种基本方式：导热、对流换热和热辐射。实际传热过程常常是三种基本传热方式同时出现，因而是比较复杂的。在锅炉对流受热面中，热烟气对管外壁的放热，一般由对流放热和热辐射组成；管外壁到内壁为导热过程；内壁对工质的放热为对流换热过程。因此，一般的传热模式可表示为

$$\text{热烟气} \xrightarrow{\text{对流+辐射}} \text{外壁} \xrightarrow{\text{导热}} \text{内壁} \xrightarrow{\text{对流}} \text{工质}$$

上述传热过程的传热量可用下列各式表示：

（1）热烟气通过对流和辐射传给管外壁的热量

$$Q_1 = (h_c + h_r) A (T_1 - T_{os}) = h_1 A (T_1 - T_{os}) \tag{6-51}$$

式中，h_c 为尾部受热面对流换热系数，$W/(m^2 \cdot K)$；h_r 为尾部受热面辐射换热系数，$W/(m^2 \cdot K)$；h_1 为尾部受热面烟气侧等效对流换热系数，$W/(m^2 \cdot K)$；T_1 为烟气温度，K；T_{os} 为管子外壁温度，K。

（2）管外壁通过导热传给内壁的热量

$$Q_w = \frac{\lambda}{\delta} A (T_{os} - T_{is}) \tag{6-52}$$

式中，λ 为管壁的导热系数，$W/(m \cdot K)$；δ 为管壁厚度，m；T_{is} 为管子内壁温度，K。

（3）管内壁通过对流传给工质的热量

$$Q_2 = h_2 A (T_{is} - T_2) \tag{6-53}$$

式中，h_2 为尾部受热面工质侧对流换热系数，$W/(m^2 \cdot K)$。

根据能量守恒原理，在稳态传热过程中，每个串联环节传递的热量应是相等的，即

$$Q_1 = Q_w = Q_2 = Q \tag{6-54}$$

如果受热管简化成平壁，即近似地认为管子内外壁的表面积相等，则可以容易推导出热阻串联形式的传热量总计算式

$$Q = \frac{A(T_1 - T_2)}{\dfrac{1}{h_1} + \dfrac{\delta}{\lambda} + \dfrac{1}{h_2}} \tag{6-55}$$

由上式可得尾部受热面传热系数 K $(W/(m^2 \cdot K))$ 和总热阻 R $(m^2 \cdot K/W)$ 为

$$K = \frac{1}{R} = \frac{1}{\dfrac{1}{h_1} + \dfrac{\delta}{\lambda} + \dfrac{1}{h_2}} \tag{6-56}$$

在实际传热过程中，在管子外壁积有灰垢，在管子内壁积有水垢，根据热阻叠加原则，传热过程的总热阻为

$$R = \frac{1}{h_1} + \frac{\delta_a}{\lambda_a} + \frac{\delta}{\lambda} + \frac{\delta'}{\lambda'} + \frac{1}{h_2} \quad (6-57)$$

式中，$\dfrac{\delta_a}{\lambda_a}$ 为灰垢层的热阻，$\mathrm{m^2 \cdot K/W}$；$\dfrac{\delta'}{\lambda'}$ 为水垢层的热阻，$\mathrm{m^2 \cdot K/W}$。

由此得出传热系数的一般表达式为

$$K = \frac{1}{\dfrac{1}{h_1} + \dfrac{\delta_a}{\lambda_a} + \dfrac{\delta}{\lambda} + \dfrac{\delta'}{\lambda'} + \dfrac{1}{h_2}} \quad (6-58)$$

具体来说，在锅炉尾部对流受热面中，一般金属壁很薄，而导热系数较大，故金属壁的热阻 $\dfrac{\delta}{\lambda}$ 很小，可以忽略不计。同时，在正常运行工况下，不允许沉积水垢，因此水垢的热阻 $\dfrac{\delta'}{\lambda'}$ 也不计算。但要注意，如果沉积水垢，则由于水垢的导热系数很小，将会使传热系数显著降低。灰污层的热阻与许多因素有关，例如燃料种类、烟气速度、管子的直径与布置方式、灰粒的大小等。目前常采用积灰系数 ρ（$\mathrm{m^2 \cdot K/W}$）来考虑，这样，传热系数可以表示成下式：

$$K = \frac{1}{\dfrac{1}{h_1} + \rho + \dfrac{1}{h_2}} \quad (6-59)$$

该公式适用于过热器的传热过程，而对于蒸发受热面及省煤器，管壁对工质的换热系数 $h_2 \gg h_1$，故其热阻 $\dfrac{1}{h_2}$ 可以忽略不计。因此对于省煤器及锅炉管束，有

$$K = \frac{1}{\dfrac{1}{h_1} + \rho} \quad (6-60)$$

与炉膛受热面的积灰系数一样，尾部对流受热面的积灰系数也需要根据实际试验数据进行决定。

思考题

6.1　试分析研究生物质循环流化床的传热特性对于工程应用的意义。

6.2　循环流化床锅炉主要分为哪两个传热部位？每个部位具体的传热部件又有哪些？

6.3　循环流化床锅炉中各种不同部件中的传热可以概括为哪几种情况并归纳为哪几种形式？

6.4　请以表格的形式分析循环流化床中两相流与受热面间的传热在沿炉膛高度方向和宽度方向分别具有什么特点。

6.5　请简述颗粒团传热模型的基本思想，利用该模型考虑循环流化床锅炉的密相区和稀相区的传热特征时有什么区别？

6.6　影响生物质在循环流化床锅炉中传热效果的因素主要有哪些？这些因素可以按照什么方式进行归类（也即哪几种因素共同体现了什么方面的影响）？

6.7 试简述循环流化床锅炉的传热计算的目的及其核心公式。

6.8 试简述宽筛分传热计算模型的基本思路及其核心公式。

6.9 根据宽筛分传热计算模型，试分析在计算颗粒团对流换热系数 h_{cc} 时，可以将颗粒团与受热面的传热过程简化为哪一种传热数学模型。

6.10 根据宽筛分传热计算模型，试分析在计算等效辐射换热系数 h_{cr} 和 h_{dr} 时，可以将辐射换热系统作何种简化。

6.11 工业简化计算模型相对于宽筛分传热计算模型做出了哪些近似或简化？

6.12 试简述尾部受热面的传热系数计算的基本思路。

第二篇　循环流化床锅炉基础及操作规程

第七章　循环流化床锅炉概况

第一节　基础知识

一、循环流化床锅炉概念

按气固两相流动的原理，炉膛内燃烧固体颗粒在风的作用下不断沸腾膨胀，其中一些颗粒被设在炉膛出口气固分离装置所收集，并通过返料装置送回炉膛反复循环燃烧，这种燃烧循环过程的锅炉称为循环流化床锅炉（图 7-1）。

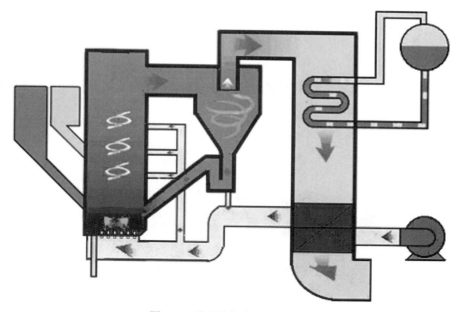

图 7-1　循环流化床锅炉原理图

二、循环流化床锅炉主要设备

主要由燃烧系统设备、气固分离循环设备、对流烟道三部分组成，如图 7-2 所示。其中燃烧系统设备包括风室、布风板、燃烧室、炉膛、燃油及给料系统；气固分离循环设备包括物料分离装置和返料装置两部分；对流烟道包括高温过热器、低温过热器、屏式过热器、省煤器、空气预热器等受热面。

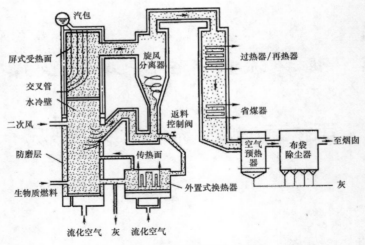

图 7-2　循环流化床锅炉示意图

三、循环流化床锅炉辅机配置及作用

流化床锅炉辅机系统的运行状态及完好程度是直接影响锅炉的安全运行。流化床锅炉床料流化，炉渣排放，烟灰输送都是靠风来实现的，所以风机运行情况直接关系着流化床锅炉能否安全经济地运行。

1. 引风机

引风机是维持炉膛负压，保证炉内平衡通风必不可少的设备，如图 7-3 所示一般都采用低压头大流量的离心风机，炉膛的平衡通风是保证炉内各受热面热量传递必要条件，引风机的联锁级别是最高级的。

图 7-3　引风机实物图

2. 一次风机

流化床锅炉中一次风机是用途最多也是功率最大的一个风机，是高压大容量离心风机，

如图 7-4 所示。主要作用有：

（1）提供炉内燃料初期燃烧所需要的氧量。

（2）通过布风板镶嵌的风帽进入炉膛。

（3）炉内热量的主要传递和携带介质。

（4）决定着床料流化情况和床温调节情况。

图 7-4　一次风机实物图

3．二次风机

二次风机主要是将锅炉所需的助燃风送入炉膛，如图 7-5 所示。由于一次风速较高，密相区处于还原性燃烧氛围燃料释放的部分挥发分气体及处于燃尽阶段的燃料，在密相区来不及燃烧，二次风的送入可以满足在稀相区燃烧所需要的氧量，提高锅炉燃烧的经济性，一般二次风容量都较小，在炉膛前后墙布置有分层的二次风口，二次风口也是炉内密相区和稀相区的分界线。二次风机的主要作用是：参与炉内燃烧，起到助燃的作用。

图 7-5　二次风机实物图

4. 返料风机

返料风机主要是提供返料器松动风和返料风，一般是罗茨风机，如图 7-6 所示。

图 7-6　返料风机实物图

四、流化床锅炉床温

一般意义上的循环流化床锅炉的床温是指燃烧室密相区内物料的温度，床温由距离布风板以上 200～500mm 的密相区内布置的若干只热电偶测定。而广义上的床温是指固体颗粒循环通道内各段的温度。

五、流化床锅炉床压

流化床锅炉中风室压力同布风装置阻力的差值。表示床料厚度的物理量。

六、流化床锅炉的作用

燃料在炉膛内燃烧，将其化学能转化为烟气的热能，烟气热能加热给水，使水经过预热、汽化、过热三个阶段变成具有一定压力和温度的过热蒸汽。然后把具有一定压力、温度的过热蒸汽输送到汽轮机做功，进行发电。

七、锅炉的概念

锅炉实物图如图 7-7 所示。

图 7-7　锅炉实物图

锅炉包括锅和炉两大部分：

锅是指在火上加热的盛水容器，包括：水冷壁、过热器、省煤器、汽包等。炉是指燃烧燃料的场所，包括：炉墙、保温、钢构架等。

炉墙有四层材料组成：

第一层（贴近管子）：梳形硅酸铝耐火纤维板；此种材料使用温度高，除具有一般保温材料的优点外，还具有良好有效的隔热作用。

第二层：平板复合硅酸盐毡（$\delta=50$）。

第三层：耐高温玻璃棉板，其容重小，导热系数低，具有良好的保温性能。

第四层：摸面层，该层有效地隔断了保温针和铁丝网的散热，减小了金属的散热损失。

八、锅炉的分类

按压力分：

低压锅炉（P<2.5 MPa）；

中压锅炉（2.5<P<4.0 MPa）；

高压锅炉（4.0<P=10 MPa）；

超高压锅炉（10<P=13.7 MPa）；

亚临界锅炉（13.7<P=16.7 MPa）；

超临界锅炉（P=22MPa）。

按燃烧方式分：

室燃炉（悬浮燃烧），也叫煤粉炉；链条炉（火床燃烧）；循环流化床锅炉（沸腾燃烧），也是我们常说的流化燃烧。

第二节　循环流化床锅炉几个常用名词

一、固体物料的流态化

气体或者液体流过固体颗粒层，当流速增加到一定程度时，气体或液体对固体颗粒产生作用力与固体颗粒所受的其他外力相平衡，固体颗粒层表面呈现类似液体或流体状态，这种操作状态被称为固体物料的流态化。

二、料层差压

循环流化床锅炉中风室的压力同密相区上部压力之间的差值，反映的是循环流化床锅炉的密相区的物料浓度。

三、流化床锅炉的稀相区

在流化床锅炉输送分离高度（TDH）以上，气流中的粒子浓度较低，但比较均匀，这部分区域称为稀相区。

四、流化床锅炉的密相区

在流化床锅炉输送分离高度（TDH）以上，颗粒浓度较大，并沿高度方向浓度逐渐降低，这部分区域称为密相区。

五、物料的循环倍率

单位时间内 CBF 外循环物料量与入炉固体燃料的比值，称为物料循环的循环倍率 K，或称 CFB 锅炉的循环倍率，公式表述为：

$$K=G/B \tag{7-1}$$

式中，G 为循环物料的质量流速，kg/s；B 为燃料的质量流量，kg/s。

物料循环过程由内循环和外循环两部分组成。内循环主要指循环床燃烧室内部流化的物料沿高度自身存在的颗粒上下质交换现象。由于循环流化床燃烧室边壁效应的原因，沿壁边存在着较为明显的下降流，而燃烧室中心颗粒上升趋势较为明显。人们从这个现象引申称颗粒在燃烧室内的上下质交换为内循环。而烟气携带的物料从燃烧室出口近于循环床分离器被分离后送回燃烧室则称为外循环。

六、高温结焦

当料层或物料整体温度水平高于燃料灰分变形或熔融温度时候所形成的结焦现象。高温结焦的基本原因是料层的含碳量超过了热平衡所需要的数量。

七、低温结焦

当料层或物料整体温度水平低于燃料灰分变形或熔融温度时候所形成的结焦现象。低温结焦的基本原因是局部流化不良使局部热量不能迅速传出。

八、CFB 锅炉主要燃烧区域

（1）较粗颗粒在燃烧室的下部密相区以内按照沸腾流化燃烧方式进行的分层燃烧。
（2）细颗粒在燃烧室的上部稀相区产生的悬浮燃烧。
（3）被烟气夹杂出燃烧室的细微颗粒在高温分离器、料腿、返料器和回料斜腿组成的循环返料体系内部的下行过程燃烧。

九、炉膛差压

循环流化床锅炉中密相区上部的压力同炉膛出口的压力之差，反映的是循环流化床锅炉稀相区的物料浓度。

十、中低温烘炉

一般习惯上把烟气温度为 200～450℃、不超过 200℃以内的烘炉过程分别称为 CFB 锅炉耐火防磨材料的中、低温烘炉。

十一、临界流化风量

当床层由静止状态转变为流化状态时的最小风量，称为临界流化风量。

第三节　流化床锅炉系统及其作用

一、循环流化床锅炉系统

（1）风烟系统：主要包括引风机、一次风机、二次风机、流化风机、风管道、水冷风室、炉膛、旋风分离器、返料器、尾部烟道、空气预热器、除尘器、烟囱、热工仪表。
（2）汽水系统：主要包括省煤器汽包、水冷壁、集中下降管、下联箱、引出管、低温过热器、屏式过热器、高温过热器、过热器进出口联箱、集汽联箱、主蒸汽管道、减温器、给水操作、汽水阀门及连接管道、热工仪表。
（3）压缩空气系统：主要包括空压机、干燥机、储气罐、疏水器、阀门及连接管道、热工仪表。
（4）除尘输灰系统（图 7-8）：主要包括布袋、舱室、进出口挡板、旁路门、灰斗、布袋喷吹装置、仓泵、灰库、排汽阀、进灰阀、进气阀、出灰阀、助吹阀、输灰管道、热工仪表。

图 7-8 除尘系统实物图

（5）燃油系统（图 7-9）：主要包括油箱、燃油泵、管道阀门、点火枪、油枪、火检装置、热工仪表。

图 7-9 燃油系统实物图

（6）排污系统：主要包括连排扩容器、定排扩容器、排污管道及阀门，排污分定排和连排两种。

（7）输给料系统：主要包括组合给料机、螺旋给料机、皮带、犁料器、料仓、活化装置、螺旋给料机。

（8）冷却水系统：主要包括管道、阀门、冷却水。

二、各系统设备作用

1. 播料风的作用

首要作用是保证将给燃料比较均匀地播散入炉内，提高着火与燃烧效率，使炉内温度分布更为均匀。播料风过大会使物料抛撒太远，降低着火效率；太小会在落料口附近堆积，形成落料局部流化减弱和降温。同时播料风还起着落料管处的密封、冷却作用。最后，播料风还提供了给料口附近由于燃料较多所需的多余氧量。

2. 风帽的作用

风帽是保证锅炉安全经济运行的关键部件，其作用是实现流化床锅炉均匀布风，如图 7-10 所示。

图 7-10　风帽实物图

3. 风室的作用

风室分为分流式风室和等压式风室，如图 7-11 所示。分流式风室借助分流罩或导流板把进入风室的气流均分为多股气流，使其获得接近正方形的风室截面从而获得均匀的布风；等压风室具有倾斜的地面，能使风室内的静压沿深度保持不变，有利于提高布风的均匀性。

图 7-11　风室实物图

4. 回料器的作用

回料器一般由立管和阀组成。立管的主要作用是防止气体反窜，形成足够的差压来克服分离器与炉膛之间的压差。阀的作用是调节和开闭固体的颗粒流动。

5. 循环流化床锅炉耐火材料的作用

耐火材料可以防止锅炉中高温烟气和物料对金属结构的高温氧化腐蚀和磨损，并具有隔热作用。物料的循环磨损首先发生在耐火的材料上，从而保证了金属结构的使用寿命，这是保证循环流化床锅炉长期安全运行的重要措施之一，也是循环流化床锅炉的主要特点之一。耐火材料的使用对减少金属结构的使用、降低造价、方便维护具有十分重要的意义。

6. U 形阀

U 形阀是自平衡式的非机械阀，阀的底部布置有一定数量的风帽，阀门有隔板和挡板两部分。隔板的右侧与立管连通，左侧为上升段，两侧之间一长方形孔口使物料通过。它采用的是气体推动固体颗粒运动，无须任何机械转动部件，由一个带溢流管的鼓泡流化床和分离器的料腿组成，采用一定压力的空气，推动物料返回炉膛。

7. 辅助设备的作用

（1）一次风机的作用：主要用于流化床料，并为燃料提供初始燃料空气。

（2）二次风机的作用：主要是为分级燃烧使燃料燃尽、控制炉温、抑制 NO_x 的产生提供空气。

（3）高压风机的作用：作为在高温旋风分离器下部的回料阀的流化风。

（4）高温旋风分离器作用：烟气从切向进去分离器筒体，烟气中所含较粗的颗粒物体在较大的离心力、惯性力、重力的作用下，甩向筒体并沿筒体壁落下，被分离的物料通过回路密封装置和回料管而返回流化床内，烟气中较细的飞灰与烟气一起通过分离器的中心管筒从分离器顶部进入锅炉的对流区域。

（5）布风板的作用：承受床料，保证等压风室区域内各处风压基本相等。布风板上有风帽，将流化空气均匀地分布到床层的整个截面，如图 7-12 所示。

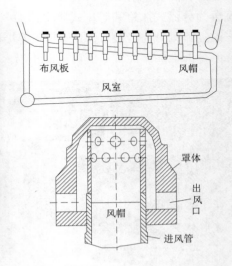

图 7-12　布风板实物图

（6）吹灰器的作用：保证受热面的清洁，提高传热效率，降低排烟温度，减低排烟损失。

（7）油燃烧系统（启动燃烧器）的作用：将床温提高到主要固体燃料的燃烧温度，使固体燃料着火并保证初始燃烧阶段稳定性；必要时，在运行过程中，当固体燃料燃烧时，协助维持燃烧的稳定性和锅炉负荷。

8. 返料器的作用

克服炉膛密相区的压力把分离器捕捉下来的高温循环物料由低压侧送到高压侧的密相区，并防止密相区的烟气从返料器反窜至分离器。

9. 返料风的作用

返料风是推动循环分离器分离下来的高温物料重新返回炉膛的源动力，对自平衡回料装置对应的分离器料腿下方落灰侧和回料斜腿侧的 J 阀两个区域的循环物料分别起到输送和流化的作用。

10. 循环流化床锅炉中一次风的作用

①维持床料的流化；②维持床温；③建立料层差、维持燃烧所需氧量。

11. 循环流化床锅炉的二次风的作用

①加强扰动改变物料在炉膛高度上的浓度分布梯度；②补充一次风供氧的不足。

12. 省煤器的作用

利用尾部烟道烟气余热加热锅炉给水。

13. 空气预热器的作用

利用尾部烟道烟气余热加热一、二次风。

14. 省煤器再循环门的作用

装设省煤器再循环门的目的是在锅炉升火和停炉时，当中断给水时保护省煤器。因为在升火和停炉阶段，当不上水时，省煤器的水是不流动的，高温烟气有可能把省煤器管烧坏。开启省煤器再循环门，利用汽包与省煤器工质密度差而产生自然循环，从而使省煤器管得到冷却。

15. 床下点火器中的燃烧风与混合风的作用

每只床下启动器燃烧器的配风为：①第一级风为燃烧风，经燃烧风口和稳燃烧器进入预燃室内，用来满足油枪点火燃烧所需要空气；②第二级风为混合风，经预燃室内外筒之间的风道进入预燃室内，主要负责调节热风温度和保证燃烧器本体的冷却。

16. 联箱的作用

主要起汽水汇集、混合、分配的作用。

17. 汽包的作用

（1）汽包是工质加热、蒸发、过热三个过程的连接枢纽。同时作为一个平衡器，保持水冷壁中汽水混合物流动所需压头。

（2）汽包存有一定数量的水和汽，加之汽包本身的质量很大，因此有相当的蓄热量，在锅炉工况变化时，能起缓冲、稳定汽压的作用。

（3）汽包内装设汽水分离装置、蒸汽净化装置和加药装置，保证饱和蒸汽的品质。

（4）汽包装置测量表及安全附件，如压力表、水位计、安全阀等，监视锅炉正常运行。

18. 减温器的作用

（1）调节汽温，使锅炉的各段汽温在规定的范围内。

（2）保护过热器、汽轮机相应的蒸汽管道和阀门。

19. 锅炉安全阀的作用

安全阀是锅炉的重要附件，其作用是当锅炉压力超过规定值时，能自动排出蒸汽，防止压力继续升高，以确保锅炉及汽轮机的安全。

第四节　各系统工艺流程

一、输料系统工艺流程

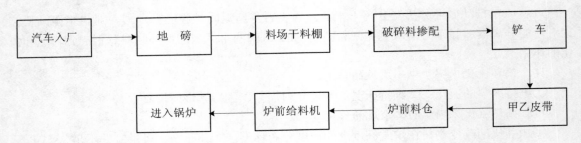

二、燃油系统工艺流程

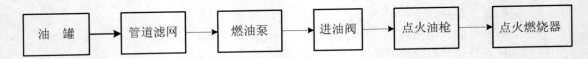

三、压缩空气系统工艺流程

输灰气源：

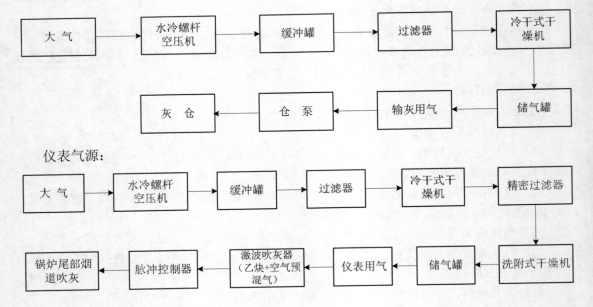

仪表气源：

四、汽水系统流程

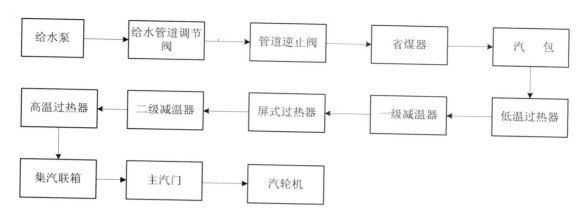

五、风烟系统流程

一次风：

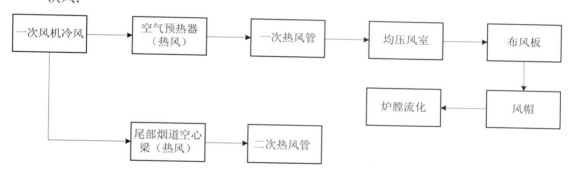

二次风：

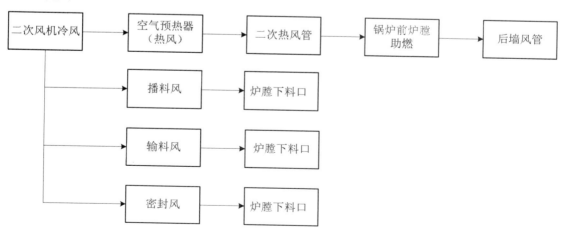

烟风：

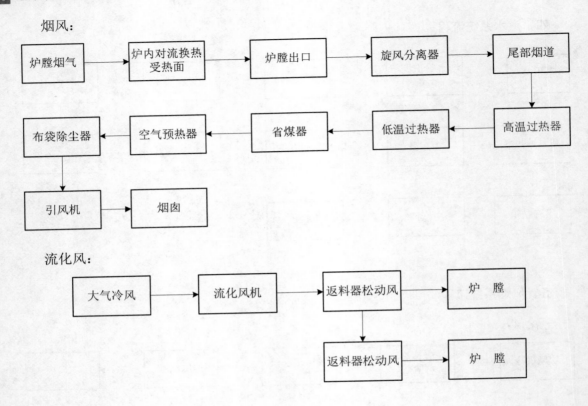

流化风：

思考题

7.1 循环流化床锅炉主要由哪些设备组成？

7.2 循环流化床锅炉中的一次风气主要有哪些作用？

7.3 请解释 CFBB 每个字母的含义。

7.4 循环流化床锅炉汽水系统包括哪些设备？

7.5 循环流化床锅炉除灰系统主要有哪些设备及部件组成？

7.6 循环流化床锅炉内耐火材料有哪些作用？

7.7 汽包有哪些作用？

7.8 简述循环流化床锅炉汽水系统流程。

7.9 什么叫低位发热量？为什么锅炉利用的只是低位发热量？

第八章　设备的简要特性

第一节　设备概况

一、锅炉简述

锅炉简述见表8-1。

表8-1　锅炉简述

锅炉型号	TG-75/5.3-T
制造厂家	南通万达锅炉股份有限公司
制造日期	2008 年 12 月
投产日期	2009 年 7 月

二、锅炉基本尺寸

锅炉基本尺寸见表8-2。

表8-2　锅炉基本尺寸

锅炉深度（前后支柱中心距离）	17220mm
锅炉宽度（左右支柱中心线距离）	8200mm
锅炉顶板标高	31500mm
锅炉运转层标高	7000mm
锅筒中心线标高	33600mm
布风板标高	4500mm
尾部烟道截面	6000×2400mm

三、燃料设计

本锅炉燃料设计为 70%稻壳和 30%棉秆及毛竹混合物，为保证锅炉具有良好的适用性，稻壳和棉秆按平均成分设计制造，锅炉考核试验时，按相关国家标准进行折算。锅炉运行时，根据实际的燃料情况进行运行调整设计，燃料成分见表8-3。

表8-3　设计燃料成分

项目	符号	单位	稻壳	棉秆	毛竹	设计值
重量比列			70%	15%	15%	
碳	C	%	34.72	29.92	41.42	35.01

续表

项目	符号	单位	稻壳	棉秆	毛竹	设计值
氢	H	%	5.94	5.38	7.05	6.02
氧	O	%	31.53	26.8	33.29	31.08
氮	N	%	3.07	2.48	2.8	2.94
硫	S	%	0.11	0.09	0.06	0.1
全水	M	%	10.81	31.52	12.77	14.21
灰分	A	%	13.82	3.81	2.61	10.64
挥发分	V	%	69.16	75.3	78.62	71.5
发热量	Q	kJ/kg	12447	10574	14630	12494

第二节　锅炉整体布置简述

本锅炉是由浙江大学与南通万达锅炉股份有限公司联合设计开发的中温次高压、单锅筒、自然循环、生物质循环流化床锅炉。锅炉采用半露天布置，钢结构，燃用稻壳、秸秆、农林废弃物等生物质燃料，固态排渣。锅炉采用循环流化床燃烧方式和高温分离循环返料的燃烧系统。该系统由炉膛、物料分离收集器、返料器三部分组成。炉膛为膜式水冷壁结构，下部为倒锥型流化燃烧段，即密相区。炉膛上部为稀相区。底部为布风板，布风板上布置有蘑菇形风帽，布风板下为一次风室。一次风经风帽小孔进入密相区使燃料开始燃烧。二次风从由料层上方的二次风口送入炉膛。锅炉燃烧后产生的灰渣通过布风板中心左右两个排渣孔放出。为防止水平烟道积灰，在分离器入口区域布置了松动风。过热器分包墙、低过、屏过、高过四级过热器。在低过和屏过之间、屏过和高过之间各设有喷水减温器。屏过布置在炉膛顶部靠出口处，高过布置在水平烟道，低过、省煤器、空预热器均布置在竖井烟道内。锅炉采用轻柴油床下点火。

一、汽包及内部装置

锅筒内径1380mm，壁厚60mm，材料20G，锅筒全长约为10m，包括内部装置总重约为25t，是锅炉单件重量最重的部件。

锅筒的一次分离元件为22只直径290mm的旋风分离器，由省煤器来的水进入汽包汽水连通罩，水冷壁汽水由引入管进入汽水连通罩，然后一起进入旋风分离器，分离出来的水滴流至水空间，蒸汽经分离器上部的波形板再分离后进入汽空间。二次分离原件为均汽孔板，布置在汽包顶部。

汽包正常水位在汽包中心线以下50mm处，正常水位范围为±75mm。

汽包内设有磷酸盐加药管，连续排污管，紧急放水管，再循环管。底部为下降管。

汽包前部配有6对水位监测接口。两端为双色水位计和接点水位计，中间为2对平衡容器用管座和一对水位监测备用接口（以备接机械式低读水位计）。锅筒顶上配有安全阀管座2只，压力表2只。

汽包由吊架吊于钢架的顶部板梁上，如图8-1所示。

图 8-1　汽包实物图

二、炉膛

炉膛采用全模式壁结构，上部为长方体形，横断面 3.83m×7.03m，下部为下小上大斗形，整个水冷壁炉膛通过水冷上集箱悬吊于钢架的顶部梁格上，以利于水冷壁向下膨胀。

在炉膛底部布置水冷布风板，布风板上设有两个直径 219mm 的排渣管，以排放床料和灰渣所用。

水冷壁共为六个回路，其中前后墙两个回路，左右墙各一个回路，分别由汽包通过下降管引入。

为防止水冷壁磨损，炉膛密相区四周水冷壁均敷设耐火防磨材料。

布风板下一次风室为适应床下点火的需要，四周均敷设耐火材料。

水冷壁外侧四周沿高度方向装设了刚性梁，以增强水冷壁刚度和承受炉内压力的波动。

为监视炉膛的运行工况，沿高度方向分几层布置了烟气温度和烟气压力测点。同时，在适当的位置装设了火焰检测孔、看火孔、检查门和防爆门等（图 8-2）。

图 8-2　炉膛实物图

三、旋风分离器

本锅炉采用旋风分离器作为循环物料的气固分离装置。分离器具有较高的分离效率，将烟气中的颗粒分离下来保证烟气排放的粉尘浓度达标，同时实现物料的循环，延长物料颗粒在炉内停留时间，提高锅炉的燃烧效率，同时可以使炉膛上部空间具有较高的物料浓度，使炉膛整体温度均匀。

分离器采用浇注料制作，外衬钢护板，两个分离器并列布置在炉膛出口，分离下来的物料通过返料器送回炉内（图 8-3）。

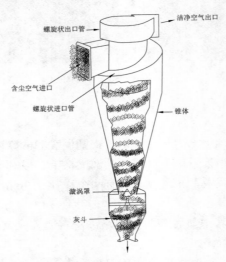

图 8-3   旋风分离器实物图

四、返料器

返料器采用 LOOPSEAL 结构，分离器底部料腿起到回路密封作用，下部构成一个小型流化床，由返料风机提供风源，返料器装有温度测点，运行时用来监视循环情况。在立管上装有膨胀节，返料器内装有排灰口（图 8-4）。

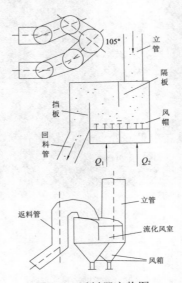

图 8-4   返料器实物图

五、过热器

饱和蒸汽从锅筒引入顶棚管入口集箱，经包墙至低温过热器，然后经Ⅰ级喷水减温器后进入屏式过热器，再经Ⅱ级喷水减温器后进入高温过热器，最后进入到集汽箱。

屏式过热器位于炉膛顶部靠近炉膛出口处，前两排采用镍合金喷涂。

高温过热器采用双管圈顺列布置，位于上出气分离器前的水平烟道中。高温过热器材料为12CrMoVG，其中前两排管子加盖防磨盖板，后四排加盖防磨盖板。

低温过热器布置在尾部竖井烟道内，管径为直径42mm×3.5mm，前两排要求装防磨盖板。

为调节过热器中蒸汽温度，在低温过热器和屏过及屏过和高温过热器两段之间，各布置一喷水减温器，设计减温能力为3.5t/h，采用锅炉给水作为喷水水源（要求锅炉给水水质保证合格）。

过热器出口集汽集箱规格为直径273mm×16mm。集箱上装有压力表、安全阀管座各2只，向空排汽及反洗管座各1只。主蒸汽从集箱右侧端部引出。

六、省煤器

省煤器布置在尾部竖井对流蒸发管束受热面的下部。

省煤器分两组布置在尾部，顺列逆流，为有效地防止磨损，采用膜式结构，并在最上排加焊防磨盖板，弯头加防磨罩。省煤器管径为直径32mm×4mm，材料20G（GB5310）省煤器重量分别通过管夹和梳形板支撑在钢梁上（图8-5）。

图8-5　省煤器实物图

七、空气预热器

空气预热器卧管式结构，分成两级布置，上级为二次风空预器，下级为一次风空预器，上级下级均为双行程（图8-6）。

一次风空气预器下级管箱管子采用直径为40mm×1.5mm的考登钢管。二次风空气预热器下级管箱管子采用直径为40mm×1.5mm的普通钢管。冷一、二次风从尾部烟道的后墙进入空气预热器的下段，经联通箱后进入空气预热器的上段，然后从尾部烟道的后墙出来供锅炉作一、二次风使用。空气预热器进出口与分道均采用焊接连接，并采用加装隔板等措施以防止震动。

图 8-6 空气预热器实物图

第三节 设计规范

一、锅炉主要设计参数

锅炉主要设计参数见表 8-4。

表 8-4 锅炉主要设计参数

序号	项目	单位	数值
1	额定蒸发量	t/h	75
2	锅筒压力	MPa	5.9
3	主蒸汽压力	MPa	5.3
4	主蒸汽温度	℃	450
5	给水温度	℃	130
6	排污率	%	2
7	冷空气温度	℃	20

二、锅炉热效率

锅炉热效率见表 8-5。

表 8-5 锅炉热效率

序号	项目	单位	数值
1	排烟损失	%	7.5
2	气体未完全燃烧损失	%	0.1
3	固体未完全燃烧损失	%	2.1
4	散热损失	%	0.8
5	排渣热损失	%	0.1
6	锅炉效率	%	89.4

三、承压部件及受热面

承压部件及受热面见表8-6。

表8-6 承压部件及受热面

序号	名称	规格/mm	备注
1	汽包		重量2500kg，材质20G
	（1）内径	1380	
	（2）壁厚	60	
	（3）长度	10000	
	（4）中心线标高	33600	
	（5）正常水位线	50	中心线下
2	水冷壁管		材质20G
3	布风板	风帽1019个，面积约10m²	材质20G
4	省煤器蛇形管	$\phi32\times4$，40组顺列逆流	材质20G
5	低温过热器管子	$\phi42\times3.5$，60组逆流顺排	材质20G
6	屏式过热器管子	$\phi38\times4.5$，17大组9小组顺流	材质12CrlMoVG
7	高温过热器管子	$\phi38\times4.5$，顺流	材质12CrlMoVG
8	下降管	$\phi133\times6$，10根	材质20G
		$\phi325\times16$，2根	材质20G
9	一级空预器	$\phi40\times1.5$	考登钢管
10	二级空预器	$\phi40\times1.5$	普通钢管
11	风帽	$\phi44$	材质20G

四、主要辅机设备规范

主要辅机设备规范见表8-7。

表8-7 主要辅机设备规范

名称	项目	单位	数值
引风机	型号	Y5-48 12D	
	出力	m³/h	180000
	全压头	Pa	6000
	介质温度	℃	150
	电机功率	kW	450
	电压	V	690
	电流	A	488.5
	转数	转/分	980

名称	项目	单位	数值
一次风机	型号	9-19-16.8 D	
	出力	m³/h	60500
	全压头	Pa.g	16000
	介质温度	℃	20
	电机功率	kW	400
	电压	V	690
	电流	A	381
	转数	转/分	1480
二次风机	型号	G5-48　12D	
	出力	m³/h	47500
	全压头	Pa	5500
	介质温度	℃	20
	电机功率	kW	110
	电压	V	380
	电流	A	196.4
	转数	转/分	1480
罗茨风机	型号	3L71WD	
	出力	m³/min	49.17
	全压	Pa	30000
	功率	kW	45
	电压	V	380
	电流	A	91.2
	转数	转/分	730
皮带给料机	转速	转/分	1440
	功率	kW	5.5
定排扩容器	最高工作压力	MPa	0.15
	最高工作温度	℃	127

五、点火用油参数

油种：#0 轻柴油（GB252－94）

第四节　DCS 安全联锁控制及保护

一、引风机

本身联锁投入时，启动允许条件：

（1）就绪信号正常。

（2）无电器故障信号。

（3）入口挡板执行器反馈<6%。

切除联锁时除就绪信号和电器故障信号外，其他信号无要求。

二、罗茨风机

本身联锁投入时，启动允许条件：

（1）引风机运行。

（2）就绪信号正常。

（3）无电器故障信号。

切除联锁时除就绪信号和电器故障信号外，其他信号无要求。

三、一次风机

本身联锁投入时，启动允许条件：

（1）引风机运行。

（2）就绪信号正常。

（3）无电器故障信号。

（4）入口挡板执行器反馈<6%。

切除联锁时除就绪信号和电器故障信号外，其他信号无要求。

四、二次风机

本身联锁投入时，启动允许条件：

（1）一次风机运行。

（2）就绪信号正常。

（3）无电器故障信号。

（4）入口挡板执行器反馈<6%。

切除联锁时除就绪信号和电器故障信号外，其他信号无要求。

五、自动 MFT 产生条件

（1）引风机停止运行。

（2）一次风机停止运行。

（3）一次风风量低。

（4）炉膛出口压力高。

（5）炉膛出口压力低。

（6）汽包水位高。

（7）汽包水位低。

（8）床温高。

（9）床温低。

MFT 保护投入时，应将需要投入的保护分联锁开关投入，再将 MFT 总联锁投入。

六、手动 MFT

MFT 总联锁投入时，当锅炉发生重大危急情况需要立即停炉或达到自动 MFT 动作条件而没有动作时，可以同时按下两个"紧急停炉"按钮保持 3 秒钟，MFT 应动作，所有转动设备应跳闸，事故喇叭响。

七、注意事项

自动或手动 MFT 动作后，开炉时一定要将 MFT 动作信号和 MFT 首出信号复位。

八、锅炉 MFT 保护逻辑

思考题

8.1　锅炉型号为 TG-75/5.3-T，其中 TG、75、5.3 及 T 分别代表什么含义？

8.2　旋风分离器的主要作用是什么？

8.3　试简述返料器的工作原理。

8.4　在低温过热器与屏式过热器之间为什么要布置一个喷水减温器？

8.5　自动 MFT 产生的条件是什么？

8.6　简述锅炉 MFT 保护逻辑。

第九章　锅炉机组的启动

第一节　锅炉冷态启动前的检查

一、燃烧室的检查

（1）水冷壁管、水冷屏管无变形。

（2）布风板上所有风帽无损坏现象，风帽小孔无堵塞。

（3）返料口无堵塞、损坏现象。

（4）落料口无堵塞、损坏、变形现象。

（5）各二次风管口无堵塞、烧坏、变形现象。

（6）燃烧室四周卫燃带浇筑料无脱落现象。

（7）所有仪表测点无堵塞、损坏现象。

（8）防爆门完整严密，动作灵活可靠，无卡涩，四周无杂物。

（9）放渣管无堵塞、变形、开裂等现象。

（10）放渣门完整，能够关闭严密。

二、水冷风室及风道检查

（1）风室内应无积灰、浇筑料脱落现象。

（2）风室放灰管无堵塞、变形、开裂现象。

（3）风室人孔门应完整，无损坏、变形、漏风等现象。

（4）主风道、点火风道应完整，无漏风现象，各支、吊架牢固，风道保温层应完好无脱落。

（5）各膨胀节完好无损，无漏风现象。

（6）关闭风室放灰门。

（7）将风室人孔门用耐火材料遮严后，严密关闭。

三、烟道的检查

（1）水平烟道应无积灰和杂物。

（2）高温过热器与屏式过热器之间无积灰。

（3）高温过热器管、低温过热器管、屏式过热器管、省煤气管、空气预热管外形正常，防磨装置完整、牢固。

（4）各吹灰器口应无遮挡，无损坏现象。

（5）各热电偶温度计完整、无损坏现象，各测量仪表和控制装置的附件位置正确、完整、严密。

（6）竖井烟道及底部灰斗无积灰。

（7）烟道各部位人孔门应完整无损，能关闭严密，无漏风现象。

（8）尾部烟道灰斗应完整，放灰管无堵塞、变形、开裂现象。放灰门能关闭严密。

（9）检查完毕，确认烟道内部无人后，严密关闭各处人孔门。

四、汽包水位计检查

（1）汽、水联通管保温完好。

（2）玻璃管及双色玻璃板完整无损坏。

（3）水位计指示清晰，标尺正确。

（4）双色水位计防护罩完好无损。

（5）水位计零位及高、低水位处有明显标志。

（6）双色水位计后部灯箱完整，照明正常。

（7）双色水位计、电接点水位计、平衡容器汽门、水门及放水门开关灵活，无泄漏现象。

（8）电接点水位计各接点接线完好，无断线现象。

（9）全开汽、水侧一、二次门，关闭放水门，将水位计投入运行。

（10）对照双色水位计左、右侧水位，并与电接点水位计的水位指示进行对照。

五、引风机检查

（1）基础平台及地面四周清洁无杂物。

（2）地脚螺丝牢固，靠背轮连接完好，防护罩完整牢固。

（3）轴承温度计齐全、完好，指示正确。

（4）轴承冷却水进、出口阀门开启，水量充足，回水畅通无泄漏。

（5）润滑油清洁，油面镜指示清晰，并标有正常、最高和最低油位标志。

（6）油位不低于油面镜的 1/2，放油孔无漏油现象。

（7）电动机冷却风扇完好无损。

（8）事故按钮及其防护罩完好，防护罩上有"引风机事故按钮"标示。

（9）电动机接线盒完整，接地线连接良好。

（10）电动机绝缘合格。

（11）手动盘车 2～3 圈，转动灵活，无摩擦声。

（12）入口风门的传动连杆与电动执行器连接牢固，销子完好无脱落。

（13）入口风门应有明显的开、关位置指示，位置指示与风门实际位置相符。

（14）入口风门能全开、全关，动作连贯无卡涩，检查完后应处于关闭位置。

（15）电动执行器完整、动作可靠，方向正确与 DCS 上的指示相符。

（16）进、出口膨胀节完整、无损坏现象，与风道连接牢固。

（17）风机叶轮检查门完整，关闭严密。

六、一次风机检查

（1）基础平台及地面四周清洁无杂物。

（2）地脚螺丝牢固，靠背轮连接完好，防护罩完整牢固。

（3）轴承温度计齐全、完好，指示正确。

（4）轴承冷却水进、出口阀门开启，水量充足，回水畅通无泄漏。

（5）润滑油清洁，油面镜指示清晰，并标有正常、最高和最低油位标志。

（6）油位不低于油面镜的 1/2，放油孔无漏油现象。

（7）电动机冷却风扇完好无损。

（8）事故按钮及其防护罩完好，防护罩上应有"一次风机事故按钮"标示。

（9）电动机接线盒完整，接地线连接良好。

（10）电动机绝缘合格。

（11）手动盘车 2～3 圈，转动灵活，无摩擦声。

（12）入口及出口各风门的传动连杆与电动执行器连接牢固，销子完好无脱落。

（13）入口及出口各风门应有明显的开、关位置指示，位置指示与实际位置相符。

（14）入口及出口各风门均能全开、全关，动作连贯无卡涩，检查完后均应处于关闭位置。

（15）电动执行器完整、动作可靠，方向正确与 DCS 上的指示相符。

（16）出口膨胀节完整、无损坏现象，与风道连接牢固。

七、二次风机检查

（1）基础平台及地面四周清洁无杂物。

（2）地脚螺丝牢固，靠背轮连接完好，防护罩完整牢固。

（3）轴承温度计齐全、完好，指示正确。

（4）轴承冷却水进、出口阀门开启，水量充足，回水畅通无泄漏。

（5）润滑油清洁，油面镜指示清晰，并标有正常、最高和最低油位标志。

（6）油位不低于油面镜的 1/2，放油孔无漏油现象。

（7）电动机冷却风扇完好无损。

（8）事故按钮及其防护罩完好，防护罩上应有"二次风机事故按钮"标示。

（9）电动机接线盒完整，接地线连接良好。

（10）电动机绝缘合格。

（11）手动盘车 2～3 圈，转动灵活，无摩擦声。

（12）入口风门以及出口前、后墙二次风量调节门的传动连杆与电动执行器连接牢固，销子完好无脱落。

（13）入口风门以及出口各风量调节门应有明显的开、关位置指示，位置指示与实际位置相符。

（14）入口风门以及出口风量调节门能全开、全关，动作连贯无卡涩，检查完后均应处于关闭位置。

（15）电动执行器完整、动作可靠，方向正确与 DCS 上的指示相符。

（16）出口膨胀节完整、无损坏现象，与风道连接牢固。

（17）风机叶轮检查门完整，关闭严密。

八、罗茨风机检查

（1）基础及地面四周清洁无杂物。

（2）地脚螺丝牢固，靠背轮连接完好，防护罩完整牢固。

（3）润滑油清洁，油面镜指示清晰，油位应在 2/3 处。

（4）进口过滤器无堵塞。

（5）电动机接线盒完整，接地线连接良好。

（6）电动机冷却风扇完好无损。

（7）事故按钮及其防护罩完好，防护罩上应有"罗茨风机事故按钮"标示。

（8）电动机绝缘合格。

（9）出口消音器完好无损。

（10）出口各风门均应处于开启状态。

九、热工仪表及控制设备检查

（1）DCS 控制系统已投入，系统运行及数据正常。

（2）各控制阀门、调节门、风门开度在正常范围内，与就地开度相符。

（3）所有热工仪表、信号、操作开关及联锁开关配备齐全。

（4）所有控制开关在停止位置，联锁开关在解除位置。

（5）模拟图正确，所有标志齐全，名称正确；字迹清晰，颜色显示正确。

（6）投入各热工表计一次门。

十、压力表检查

（1）汽包压力表及过热器集汽联箱压力表在工作压力处应有红线作标志。

（2）压力表表面应清晰，就地压力表指针应在零位，低读压力表显示高度静压。

（3）压力表处照明应完整、充足。

（4）铅封完整。

（5）压力表一次门全开。

十一、膨胀指示器检查

（1）指示板焊接牢固，刻度正确、清楚，在指示板基准点上涂有红色标记。

（2）指针不能被外物卡住或弯曲，应与指示板面垂直，指针尖与指示板面距离 3～5mm。

（3）锅炉在冷态时，指针应在指示板的基准点上。

十二、燃油系统检查

（1）储油罐油位正常。

（2）#1、#2 燃油泵进、出口油阀及母管出口油阀全开。

（3）燃油泵进、出口管道与阀门连接牢固。

（4）燃油泵基础四周清洁无杂物，地脚螺丝牢固无松动。

（5）燃油泵出口压力表正常，指示准确。

（6）电动机接线完好，接线盒完整。

（7）燃油泵动力箱有电源指示，#1、#2 燃油泵开关切换至"远方"位置。

（8）点火油枪进油手动阀及电磁速断阀处于关闭位置。

（9）点火平台应清洁无杂物，照明应充足。

（10）点火控制柜完好，有电源指示。

（11）油枪及点火枪完好。

十三、给料系统检查

（1）检查所有下料口闸板应处于关闭位置。

（2）给料机传动链条无松动、脱落、断裂等现象。

（3）防回火门完好无损。

（4）给料机护板及下料口检查门完好。

（5）给料机层照明应完好、充足。

（6）给料机平台及四周应清洁无杂物。

（7）拨料机平台应清洁无杂物。

（8）给料机皮带完整，转动正常不跑偏。

（9）电动机冷却风扇完整。

（10）各齿轮箱润滑油油位正常，油质清洁。

十四、空压机检查

（1）检查油位正常，应在上、下限标示中间。

（2）汽水分离器将水放尽后关闭。

（3）空压机、冷干机冷却器进、出口阀门全开，冷却水畅通。

（4）主隔离阀开启。

（5）输气管道上各控制阀门均处于开启位置。

（6）电动机正常，电源指示灯亮。

十五、除尘及输灰系统检查

（1）检查设备管道连接牢固，接头处无泄露。

（2）各个过滤室的进风调节门应处于全开位置。

（3）上箱体顶部盖板已严密关闭。

（4）仓泵周围清洁无杂物。

（5）仓泵各部件完整，压力表正常，料位计接线良好。

（6）仓泵就地控制箱内电路板及端子排清洁，无湿灰粘结，指示灯正常。

（7）各输灰管完整无泄漏。

（8）打开各仓泵下灰闸板。

（9）检查各仓泵进料阀、进气阀、防堵阀、出料阀均处于关闭状态。

（10）各控制箱就地开关切换至"手动"位置（待空压机启动，气压正常后，就地对每组输灰仓泵手动操作输灰程序一次，无异常情况后，将就地开关转换至"自动"位置）。

十六、汽水系统检查

（1）管道支、吊架完好牢固。

（2）管道及联箱保温良好，保温层无脱落现象。

（3）管道能自由膨胀，管道介质流向标志明显、清晰。

（4）各阀门手轮完整，固定牢固；门杆洁净，无弯曲锈蚀现象，开关灵活。

（5）汽包外部保温良好，各连接管道牢固，两端封头人孔门完整严密。

（6）各阀门开关位置见表9-1。

表9-1　各阀门开关位置

编号	阀门名称	开关状态		备注
		点火前	运行中	
1	给水电动总门	开	开	上水前确认
2	给水调节门	关	开	
3	给水调节门前阀门	开	开	上水前确认
4	给水调节门后阀门	开	开	上水前确认
5	主给水旁路调节门	关	关	
6	给水旁路调节门前、后阀门	开	开	
7	给水操作台放水门	关	关	
8	一级减温水调节门	关	开	投一级减温水时开
9	一级减温水调节门前、后阀门	关	开	投一级减温水时开
10	一级减温水旁路门	关	关	
11	二级减温水调节门	关	开	投二级减温水时开
12	二级减温水调节门前、后阀门	关	开	投二级减温水时开
13	二级减温水旁路门	关	关	
14	汽包至省煤器再循环门	开	关	上水时关，停止上水后开
15	主汽门	开	开	
16	主汽门旁路门	关	关	
17	隔离门	关	开	由汽机人员操作
18	隔离门前疏水门	开	开	由汽机人员操作
19	定期排污总门	关	关	排污时开
20	定期排污一次门	关	关	排污时开
21	定期排污二次门	关	关	排污时开
22	连续排污一次门	开	开	
23	连续排污二次门	关	开	汽压升至1.0MPa时通知汽机
24	汽包加药门	开	开	
25	各取样一次门	开	开	
26	紧急放水一次门	开	开	
27	紧急放水电动门	关	关	
28	反冲洗门	关	关	阀门后加堵板
29	过热器集汽联箱对空排汽门	开	关	并汽后关
30	汽包空气门	开	关	汽压升至0.1~0.2MPa时关

编号	阀门名称	开关状态		备注
		点火前	运行中	
31	汽包就低水位计汽侧一、二次门	开	开	
32	汽包就地水位计水侧一、二次门	开	开	
33	汽包就地水位计放水门	关	关	
34	过热器集汽箱疏水门	开	关	
35	顶栅过热器进口联箱疏水门	开	关	蒸汽过热度≥100℃时关
36	左侧包墙过热器下联箱疏水门	开	关	蒸汽过热度≥100℃时关
37	右侧包墙过热器下联箱疏水门	开	关	蒸汽过热度≥100℃时关
38	低温过热器进口联箱疏水门	开	关	蒸汽过热度≥100℃时关
39	低温过热器出口联箱疏水门	开	关	蒸汽过热度≥100℃时关
40	左侧一级减温器疏水门	开	关	蒸汽过热度≥100℃时关
41	右侧一级减温器疏水门	开	关	蒸汽过热度≥100℃时关
42	屏式过热器出口联箱疏水门	开	关	蒸汽过热度≥100℃时关
43	二级减温器疏水门	开	关	蒸汽过热度≥100℃时关
44	高温过热器进口联箱疏水门	开	关	蒸汽过热度≥100℃时关
45	高温过热器出口联箱疏水门	开	关	蒸汽过热度≥100℃时关
46	省煤器下联箱放水门	关	关	
47	其他各空气门	关	关	

第二节　锅炉冷态启动前的准备与试验

一、启动前的准备

（1）通知汽机值班员，启动给水泵，调整好给水压力，锅炉准备上水。

（2）通知热工值班员，各仪表投入工作状态。

（3）通知电气值班员，送上引风机、一次风机、罗茨风机、二次风机、给料机的操作电源和动力电源。

（4）通知化水值班员，锅炉点火对炉水品质进行监督。

（5）通知燃运值班员，燃料仓准备进料。

二、布风板阻力特性试验

（1）确认所有风帽已经过清理，损坏的风帽已更换。

（2）检查水冷风室及布风板，确认清洁无杂物。

（3）关闭所有人孔门，严密关闭放渣门及风室放灰门。

（4）启动引风机、一次风机，缓慢、均匀地增加一次风量，并相应地增加引风量，保持炉膛负压为零。

（5）一次风量每增加 2000m³/h，记录该风量所对应的风室静压，一次风机频率增加到 50Hz 时，即为最大风量。

（6）将一次风机频率逐渐减小，减少一次风量，记录与上行线相同风量所对应的风室静压。取每个风量点上行线与下行线风室静压的平均值作为布风板阻力的最后值。

（7）将各风量点所对应的风室静压平均值用直线连接起来，绘制成布风板阻力与风量关系曲线。

（8）试验结束，停止一次风机、引风机运行。

三、料层阻力特性试验

（1）在布风板上铺上粒径为 0~2mm，厚度为 400~500mm 的床料。

（2）关闭所有人孔门，严密关闭放渣门及风室放灰门。

（3）启动引风机、一次风机，缓慢、均匀地增加一次风量，并相应地增加引风量，保持炉膛负压为零。

（4）按照布风板阻力特性试验时所对应的风量，记录每一个风量点所对应的风室静压。

（5）当风量增至最大时，逐渐降低一次风机频率，减少一次风量，记录与上行线相同风量点所对应的风室静压；取每个风量点上行线与下行线风室静压的平均值，再用各点的平均值减去相同风量点下的布风板阻力，即得到了料层阻力。

（6）把各风量点所对应的料层阻力用直线连接起来，便得到了料层阻力与风量的关系曲线，即料层阻力特性曲线。

（7）试验结束后，停止一次风机、引风机运行。

四、锅炉上水

（1）送进锅炉的水必须是除盐水。

（2）上水温度应控制在 30~70℃，最高不得超过 90℃。

（3）上水应缓慢进行，锅炉从无水到汽包水位计−100mm 处，夏季不少于 1 小时，冬季不少于 2 小时。

（4）若除盐器水箱水温过高，在取样化验疏水箱水质合格后，可启动疏水泵对锅炉进行低压上水。

（5）在锅炉上水过程中，应对各法兰、手孔、人孔、阀门、堵板进行检查，发现泄漏应立即停止进水，并进行处理。

（6）上水至汽包水位−100mm 处，停止上水，水位应维持不变，若有明显变化，应查明原因予以消除。

（7）若炉内原已有水，经化验水质合格，可对锅炉进行放水或补水，调整汽包水位在−100mm 处；若原有炉水不合格，应根据化水值班员的意见进行处理，必要时，应将炉水全部放掉，再重新上水。

五、水压试验

锅炉承压部件经过检修后，需进行水压试验，试验压力为汽包工作压力（5.9MPa），检验锅炉承压部件及受热面，汽水管道及阀门的严密性；如有下列情况之一，需进行超水压试验，试验压力为汽包工作压力的 1.25 倍（7.37MPa）：

（1）新安装及拆卸安装的锅炉。

（2）停炉时间一年以上，需要恢复运行时。

（3）连续六年未进行水压试验。

（4）水冷壁更换了 50%以上，过热器、省煤器管全部更换；汽包进行了重大维修时。

（5）更换过热器、省煤器、水冷壁联箱或修整焊补后。

（6）根据运行情况，对设备安全可靠性有怀疑时。

1. 试验前的准备

（1）水压试验必须在锅炉承压部件检修完毕，汽包、联箱、人孔门封闭严密，汽水管道及阀门附件连接完好，工作票都已终结后进行，试验过程中，炉内外其他一切检修工作必须停止。

（2）进水时各阀门位置参照升炉前锅炉进水的位置。

（3）锅炉水压试验应采用除盐水，水质应符合要求。

（4）水压试验以汽包就地压力表为准，应由专人就地监视压力上升情况并及时与操作人员保持联系，通信联络应畅通。

（5）做超水压试验时，安全阀应用防止动作的措施，水位计应在压力升至工作压力后解列。

2. 水压试验步骤

（1）锅炉充满水后，当最高点空气门连续冒水时，将各空气门逐一关闭；关闭进水门，停止进水，对锅炉进行全面检查。

（2）用给水旁路调节门，控制升压速度不大于 0.3MPa/min，若升压速度过快，不好控制时，关闭给水旁路调节门及前、后手动门，改用给水操作台放水门继续升压，以控制升压速度。

（3）当压力升至汽包工作压力的 10%（0.59MPa）时，停止升压，并保持压力稳定，联系检修负责人，对所有承压部件进行全面检查，确认无缺陷后，可继续升压。

（4）当压力升至 5.3MPa 时，停止升压并维持压力稳定，在该压力下保持 20min，通知检修人员进行承压部件的全面检查。

（5）检查所有承压部件无异常情况后，若需做超水压试验，应解列水位计、安全阀，再以不超过 0.1MPa/min 的速度继续升压至 7.37MPa，在该压力下保持 5min 后再降至汽包工作压力，然后对承压部件进行全面检查。

3. 水压试验的合格标准

（1）关闭进水门后，压力下降速度不大于 0.5MPa/5min。

（2）承压部件无泄漏及湿润现象。

（3）承压部件无残余变形。

4. 水压试验注意事项

（1）有关人员必须到位。

（2）须有专人监视压力、操作上水门。

（3）通信应保持畅通。

（4）进行超水压试验时，不允许进行任何检查，应待压力降到工作压力后方可进行检查工作。

（5）水压实验结束后，汽包等承压部件泄压速度不得大于 0.5MPa/min。

（6）水压试验的过程和结果应做好详细记录并签字确认。

六、转动设备的试运转

经过检修的转动机械，须进行试运转（小修不少于 30min，大修不少于 120min），以验证其工作的可靠性。

转动机械试运应符合下列要求：

（1）风机启动后，全开入口挡板，逐渐开启出口调节门直至全开，变频电动机的频率加至 50Hz，电流不得超过额定值，且无大幅度晃动。

（2）风机运转时，声音应正常，转动方向正确。

（3）串轴不得大于 2～4mm。

（4）轴承温度上升不得过快，最高温度：滚动轴承不高于 80℃，滑动轴承不高于 70℃。

（5）转动机械的振幅不得超过表 9-2 值。

表 9-2　振幅限值

额定转速/（r/min）	3000	1500	1000	750 以下
振幅值/mm	0.06	0.10	0.13	0.16

（6）轴承无漏油、甩油现象。

（7）风机所连接的管道、风道、烟道不得有强烈的振动现象。

最后，停止风机运行。

七、锅炉保护及转动设备联锁试验

1．MFT 保护试验

（1）检查各转动设备已具备启动条件。

（2）在 DCS 上依次启动引风机、一次风机、罗茨风机、二次风机，任意一台给料机、拨料机。

（3）在 DCS 上投入 MFT 总联锁，投入"引风机停"分联锁。

（4）同时按下两个紧急"停炉按钮"（保持三秒钟以上）或者就地按"引风机事故按钮"，引风机、一次风机、罗茨风机、二次风机、给料机、拨料机均跳闸，事故喇叭鸣响。

（5）消除音响报警，在 DCS 上复位首出信号，复位 MFT 动作信号，将各转动设备的控制开关复位，将各保护开关解除。

2．转动设备联锁试验

（1）检查各风机具备启动条件。

（2）在 DCS 上依次启动引风机、一次风机、罗茨风机、二次风机。

（3）在 DCS 上将各风机操作器上的联锁开关投入。

（4）在 DCS 上停止引风机运行，一次风机、罗茨风机、二次风机联动跳闸，事故喇叭鸣响，试验合格。

（5）消除音响报警，将各风机的控制开关复位，解除联锁。

八、冷态流化试验及布风板均匀性试验

启动引风机，全开入口挡板，调整转速维持炉膛出口负压-100～-150Pa。

（1）启动一次风机，开启入口挡板，全开主风道左、右侧风门，调整一次风机转速，逐渐增大一次风量，使床料达到流化状态，调整炉膛负压-50～-100Pa，采用探测法测试床料流化情况良好，无死角。

（2）记录一次风机电流、频率、一次风量和风压，风室静压及主风道左、右侧一次风门的开度。

（3）投入引风机、一次风机联锁，停止引风机运行，一次风机联跳停止运行，将一次风机、引风机开关复位，关闭引风机入口挡板，关闭一次风机入口挡板及主风道左、右侧风门，将引风机、一次风机的变频调节器置零。

（4）用目测法观察床面的平整度，确认布风板布风均匀。

（5）启动引风机，全开入口挡板，调整转速维持炉膛出口负压-100～-150Pa。

（6）启动一次风机，全开入口挡板及点火风道左、右侧风门，逐渐增大一次风量使床料达到流化状态，调整炉膛负压-50～-100Pa，记录一次风机电流、频率、一次风量、风压、风室压力及左、右侧点火风门开度。

（7）试验完毕，停止一次风机、引风机运行（如果锅炉马上点火，则不停风机），严密关闭炉膛左、右侧人孔门。

九、燃油泵试运及点火油枪雾化试验

（1）清洗点火油枪。

（2）在 DCS 上启动一台燃油泵，待电流正常后，调整油压在 1.5～2.0MPa。

（3）拆出点火油枪，开启油枪进口手动门，检查电磁速断阀的严密性；开启电磁速断阀。

（4）检查油枪雾化应良好，否则应通知检修人员进行处理，直至试验合格。

（5）试验完毕后，关闭油枪电磁速断阀及进油手动门，将点火油枪恢复原来位置，将点火枪伸入合适的位置。

（6）停止燃油泵运行（如果锅炉马上点火，则保持燃油泵运行）。

以上各项工作完成后，汇报值长，锅炉已具备点火条件。

第三节　锅炉点火

一、点火前必须确认的工作

（1）所有检修工作均已结束，安全措施已全部拆除，检修工作票已全部收回。

（2）锅炉本体及辅助设备已全面检查完毕。

（3）布风板上已铺好合格的床料。

（4）锅炉已上水至汽包-100mm。

（5）转动设备联锁试验合格。

（6）冷态流化试验已完成并合格。

（7）布风均匀性试验良好。

（8）确认输灰系统工作正常。

（9）燃油泵运行正常，油压 1.5～2.0MPa，点火油枪试验正常，雾化良好。

二、点火操作

（1）启动引风机，全开入口挡板，调整转速，控制炉膛出口负压-100～-150Pa，炉膛吹扫五分钟。

（2）启动一次风机，全开入口挡板及点火风道左、右侧风门，逐渐增大风量至试验时所记录的风量，同时对照一次风机风压、电流及频率。

（3）调整点火油压 1.5～2.0MPa，投入燃油泵联锁。

（4）开启点火油枪进油手动门，启动点火器，开启燃油电磁速断阀进行点火。

特别提醒：电磁速断阀开启 10s 若油枪没有着火，应立即关闭电磁速断阀与进油手动阀，操作人员用对讲机联系司炉加大引风、一次风量，进行吹扫3～5分钟后，方能重新点火；如在升压过程中发生油枪熄灭，也应立即关闭电磁速断阀和进油手动阀，进行通风吹扫3～5分钟后再重新点火。

（5）两支油枪点燃后，司炉应调整好一次风量、风压，控制炉膛负压-50～-100Pa，根据风室左、右侧的温升速度和温差的大小及时用对讲机联系副司炉就地调整油枪进油手动门的开度，使风室左、右两侧的温升速度保持一致，温差不大于 30℃，风室温度应保持平稳、缓慢上升，最高不得超过 700℃。

（6）待料层中、上层平均温度达到 250℃时，启动罗茨风机，调整返料风及松动风，关闭再循环风门，投入返料系统。

（7）待料层中、上层平均温度达到 350℃时，启动二次风机，开启入口风门约 20%，调整播料风和密封风，准备投料。

（特别提醒：只有确认料层中、上层平均温度达到 350℃以上，且点火时间已超过两个小时后，方能启动给料机开始给料；给料采用脉冲法间断给料）。

（8）开启#2 给料机下料口闸板。

（9）调整一次风风量，启动#2 给料机，调整电动机频率在 3.7Hz 左右，安排一名副司炉去给料口观察情况，从确认有料从下料口落下开始，给料机运行 60～90s 后停止，观察 2 分钟，待床温有明显上升（>7℃），炉膛出口烟气含氧量下降，表征燃料已经着火后，方能再次启动给料机给料；否则，应继续提高床温，只有待上述现象出现后，方能启动给料机给料。

（10）第二次启动#2 给料机，调整电动机频率在 3.7Hz 左右，从确认有料从下料口落下开始，给料机运行 60～90s 后停止，观察 2 分钟。

（11）待床温有明显上升，炉膛出口烟气含氧量下降，表征燃料已经着火后，再次启动#2 给料机，调整电动机频率在 3.7Hz 左右，维持给料机低速连续给料，确认燃料已经着火。

（12）开启#1、#3 给料机下料口闸板。

（13）增大一次风量，分别启动#1、#3 给料机，低速连续给料，维持炉膛负压-50～-100Pa。

（14）视炉膛出口烟气含氧量下降情况开启前、后墙二次风量调节门，控制炉膛出口烟气含氧量在 7%～9%。

（15）待料层平均温度达到 650℃以上，稳定一段时间，给料与燃烧工况稳定正常后，退出油枪运行，关闭油枪冷却风门，解列燃油泵联锁，停燃油泵。

（16）缓慢、平稳地将点火风道切换至主风道运行；切换过程中应防止一次风机风量、风压及电流的波动。

（17）油枪全部退出运行 10min 后，且排烟温度大于 120℃时，投入除尘器运行。

（18）投入锅炉保护及联锁。

第四节　锅炉升压与并列

一、锅炉升压的要求

锅炉升压应缓慢、平稳、均匀，控制饱和温度温升速率不大于 50℃/h，汽包上、下壁温差不大于 50℃，过热蒸汽温升速率不大于 2℃/min。整个升压过程控制在 4～5h 左右，升速要均匀，加强监视，做好记录。

二、升压过程中应进行的工作

（1）汽压升至 0.1MPa，冲洗汽包玻璃管水位计，并与电接点水位计进行核对。

（2）汽压升压 0.1～0.2MPa，关闭汽包空气门。

（3）汽压升至 0.3MPa，对水冷壁、水冷屏下联箱进行第一次排污。

（4）汽压升至 0.4MPa，通知热工及检修人员，冲洗仪表导管和热紧已检修阀门的螺丝。

（5）此时应保持汽压稳定，待上述工作结束后，方可继续升压。

（6）当过热蒸汽过热度≥100℃时，关闭除过热器集汽联箱以外的其他疏水门。

（7）汽压升至 1.0MPa，对水冷壁、水冷屏下联箱进行第二次排污，通知汽机投入连续排污。

（8）汽压升至 2.0MPa，稳定该压力对锅炉设备进行全面检查一次，无异常情况方可继续升压。

（9）汽压升至 2.4MPa，对水冷壁、水冷屏下联箱进行第三次排污。

（10）当主汽压力达到 5.0MPa、主汽温度达到 400℃时，再次冲洗汽包就地水位计，对锅炉设备进行全面检查一次。

（11）当主汽压力比主汽母管压力低 0.1～0.2MPa，主汽温度在 420℃左右且稳定，汽包水位在 -50mm 处，锅炉燃烧工况稳定时，汇报值长，要求并汽。

三、锅炉并列的条件

（1）锅炉设备运行正常，燃烧稳定。

（2）过热蒸汽压力低于蒸汽母管压力 0.05～0.1MPa。

（3）过热蒸汽温度比蒸汽母管温度低 20～30℃。

（4）汽包水位为 -50mm 左右。

（5）蒸汽品质合格。

四、并汽操作

（1）联系汽机开启隔离门旁路，观察锅炉主要参数无异常变化后，开启隔离门，全开后关闭隔离门旁路门及隔离门前疏水门；关闭过热器集汽联箱疏水门。

（2）当主汽温度达到 440℃并有上升趋势时，投入一、二级减温器，调整减温水量以控制主汽温度在 450℃±5℃范围内。

（3）并汽后，锅炉应以 3～5t/min 的速度接带负荷，升负荷要缓慢，随着负荷的增加逐渐关小过热器对空排汽门直至全关，保持汽压、汽温的稳定。

（4）均衡进水，保持汽包正常水位，当锅炉蒸发量达到额定蒸发量50%以上时，可以投入给水自动调节。

（5）对锅炉设备全面检查一次，汇报值长。

五、升压过程中的注意事项

（1）在升压过程中应检查汽包、联箱的各部位的阀门，法兰、堵头是否有漏水现象，当发现漏水时应停止升压，并进行处理。

（2）整个升温升压过程力求平缓、均匀，并在以下各个阶段检查记录膨胀批示值；汽包压力分别达到 0.3～0.4、1～1.5、2.0、4.0MPa 时，检查膨胀情况，如发现有膨胀不正常时，必须查明原因并消除不正常情况后方可继续升压。

（3）锅炉的升压应缓慢，控制饱和温度≤50℃/h；一般控制升压速率在 0.03～0.05MPa/min 范围内。

（4）监督汽包上、下壁温差<50℃。

（5）在升压过程中，应开启过热器出口联箱疏水门，对空排汽阀，使过热器得到足够的冷却。

（6）在升压过程中，应注意调整燃烧，保持炉内温度均匀上升，承压部件受热均衡，膨胀正常。

（7）高温过热器出口管圈壁温不得超过 480℃，低温过热器出口管圈壁温不得超过 450℃。

（8）在启动升压过程中，当锅炉蒸发量小于10%额定值时，应控制高温过热器入口烟温，或通过限制过热汽出口温度比额定比额定负荷时汽温低 50～100℃来保护过热器。

（9）在点火升压期间，省煤器与汽包再循环门必须开启，在锅炉开始进水时，应将再循环门关闭。

（10）在升压过程中，利用膨胀指示器，监视各承压部件的膨胀情况；如锅炉大、小修后点火，尚须记录其指示值；若指示异常，应查明原因予以消除。

（11）如因局部受热不均匀而影响膨胀时，应在联箱膨胀较小的一端进行放水，使其受热均匀；如承压部件卡住，则应停止升压，待故障消除后继续升压；在升压过程中，应经常监视汽包水位的水位变化情况，并维持水位正常值在±50mm 处。

第五节　锅炉热启动

（1）接到热炉启动命令后，与各相关人员取得联系，对锅炉设备全面检查一次。

（2）检查确认各转机已符合启动条件。

（3）检查确认各阀门、风门开、关位置正确。

（4）将汽包水位控制在−50mm 处，停止上水时，开启汽包至省煤器再循环门。

（5）启动燃油泵，调整油压为 1.5～2.0MPa。

（6）启动空压机，投入输灰系统。

（7）打开一侧炉门，观察料层的平整度和厚度（400～500mm），若料层过高应放掉一部分床料。

（8）启动引风机，全开入口挡板，调整转速，控制炉膛出口负压−100～−150Pa，炉膛吹扫 2～3 分钟。

（9）全开点火风道左、右侧风门，启动一次风机，开启入口挡板，调整转速，逐渐增加引风量、一次风量，调整炉膛负压为−50～−100Pa，确认床料流化状态良好后，关闭炉门。

（10）分别投入左、右侧油枪，进行点火。

（11）开启低温过热器入口联箱疏水门。

（12）调整油枪进油量，控制左、右风室温度不超过 700℃，温差不大于 30℃。

（13）启动罗茨风机，关闭再循环风门，调整返料风及松动风，投入返料系统。

（14）待料层中、上层平均温度达到 350℃以上时，启动二次风机，开启入口风门 20%，开启播料风及密封风，准备投料。

（15）开启#2 给料机下料口闸板。

（16）调整一次风量，启动#2 给料机，调节电动机频率在 3.7Hz 左右，安排一名副司炉去给料口观察情况，从确认有料从下料口落下开始，给料机运行 60～90s 后停止，观察 2min，待床温有明显上升，炉膛出口烟气含氧量下降，表征燃料已经着火后，方能再次启动给料机给料，否则，应继续提高床温。

（17）第二次启动#2 给料机，调节电动机频率在 3.7Hz 左右，从确认有料从下料口落下开始，给料机运行 60～90s 后停止，观察 2min。

（18）待床温有明显上升，炉膛出口烟气含氧量下降，表征燃料已经着火后，再次启动#2 给料机，调节电动机频率在 3.7Hz 左右，维持给料机低速连续给料，确认燃料已经着火。

（19）开启#1、#3 给料机下料口闸板；增大一次风量，分别启动#1、#3 给料机，低速连续给料；维持炉膛负压−50Pa～−100Pa。

（20）视炉膛出口烟气含氧量下降情况开大二次风机入口风门，开启前、后墙二次风量调节门，增大引风量，控制炉膛出口烟气含氧量在 7%～9%。

（21）待过热器烟气温度接近金属管壁极限温度时，开启过热器集汽联箱疏水门。

（22）逐渐增大给料量；待料层平均温度达到 600℃以上，稳定一段时间，给料与燃烧工况稳定正常后，退出油枪运行，关闭油枪冷却风门，解列燃油泵联锁，停燃油泵。

（23）缓慢、平稳地将点火风道切换至主风道运行；切换过程中应防止一次风机风量、风压及电流的波动。

（24）油枪全部退出运行 10 分钟后，且排烟温度大于 120℃时，投入除尘器运行。

（25）当主汽压力开始上升时，开启过热器集汽联箱对空排汽门，控制汽压上升的速度，严格控制汽包上下壁温差不大于 50℃。

（26）投入锅炉保护及连锁。

（27）当主汽压力达到 5.0MPa、主汽温度达到 400℃时，冲洗汽包就地水位计，对锅炉设备进行全面检查一次。

（28）当主汽压力比主汽母管压力低 0.1～0.2MPa，主汽温度在 420℃左右且稳定，汽包水位在–50mm 处，锅炉燃烧工况稳定时，汇报值长，要求并汽。

（29）联系汽机开启隔离门旁路，观察锅炉主要参数无异常变化后，开启隔离门，全开后关闭隔离门旁路门及隔离门前疏水门；关闭过热器集汽联箱疏水门。

（30）当主汽温度达到 440℃并有上升趋势时，投入一、二级减温器，调整减温水量以控制主汽温度在 450℃±5℃范围内。

（31）锅炉并汽后，应以 3～5t/min 的速度接带负荷，升负荷要缓慢，随着负荷的增加，逐渐关小过热器对空排汽门直至全关，保持汽压、汽温的稳定。

（32）均衡进水，保持汽包正常水位，当锅炉蒸发量达到额定蒸发量 50%以上时，可以投入给水自动调节。

（33）对锅炉设备全面检查一次，汇报值长。

第六节　安全阀的整定

一、安全阀的整定标准

安全阀的整定标准见表 9-3。

表 9-3　安全阀的整定标准

序号	名称	单位	安全阀位置		
			锅筒左	锅筒右	集气箱
1	安全阀型号规格		A48Y-100 PN10　　DN80		A48Y-100 PN10 DN100
2	安全阀规格	mm	50	50	50
3	数量	只	1	1	1
4	蒸汽排放量	kg/h	59236.4		35202.4
5	总排放量	kg/h	94438.8		
6	最大连续蒸发量	kg/h	75000		
7	工作压力	MPa	5.9	5.9	5.3
8	整定压力系数		1.04	1.06	1.04
9	整定压力	MPa	6.136	6.254	5.512

二、注意事项

（1）锅炉安全阀调整时，锅炉运行、检修及安全监察负责人员应在现场。

（2）调整安全阀时由检修人员负责，运行人员配合。

（3）调整安全阀时，应有防止误动作的措施。

（4）调整安全阀时，应保持锅炉燃烧稳定，升压速度不宜过快。

（5）调整安全阀时，应及时调整给水量，维持汽包正常水位，并注意监视过热汽温。

（6）调整安全阀压力以就地压力表的指示为准。必要时，应用精度为 0.5 级以上的压力表。

（7）调整安全阀应逐台进行，先调整汽包上工作安全门，再调节汽包上控制安全门，最后调整过热器汇汽集箱上控制安全阀。

（8）安全阀调整后，应进行动作试验。如锅炉压力超过动作压力，其安全阀尚未动作时，应立即降低汽压至正常压力，停止试验，再重新调整。

（9）安全阀调整完毕后，装好防护罩，加铅封，撤除防止误动作的安全措施。

（10）将安全阀的调整试验结果记录在有关的记录本内，并由参加试验的人员签字确认。

思考题

9.1 循环流化床锅炉冷态启动前需做哪些检查？

9.2 循环流化床锅炉启动前吹扫目的是什么？

9.3 锅炉启动前应进行哪些试验？

9.4 循环流化床锅炉启动前对底料的配置有何要求？

9.5 在何种情况下应对锅炉进行超水压试验？

9.6 只有在哪些工作确认已经完成并合格的情况下锅炉才能点火？

9.7 何时可以退出点火油枪运行？

9.8 什么叫并汽（并炉）？对并汽参数有何要求？

9.9 在启动升压过程中，当锅炉蒸发量小于10%额定值时，该怎么处理？

第十章　流化床锅炉燃烧调整

第一节　燃烧控制与调整的主要任务

一、燃烧控制与调整的主要任务

（1）保证锅炉蒸发量满足外界用汽的要求。
（2）保持燃烧稳定和良好。
（3）防止结焦和熄火事故。
（4）提高锅炉效率。
（5）满足环保要求，减少飞灰排放量。

二、锅炉正常运行条件

（1）炉床燃烧稳定。
（2）炉膛负压稳定。
（3）烟气中含氧稳定。
（4）蒸汽参数稳定。

三、控制与调整的主要参数

（1）床层温度：$650 \pm 50℃$。
（2）风室压力：$7000 \sim 7500$ Pa。
（3）炉膛负压：$20 \sim 50$Pa。
（4）烟气含氧量：$7\% \sim 9\%$。

第二节　床温调控

（1）当锅炉负荷较稳定时：
1）一次风量，给料量应稳定在一定范围内。
2）返料量也相对稳定在一定范围内。
3）一次风占总风量的55%。
4）若出现床温升高，可适当增加一次风量，减少给料量，但要注意过热器蒸汽出口温度，防止超温和汽温低于极限值，床温回落时应及时调整。
5）若出现床温降低时，可适当减少一次风量，增加给料量，但应注意过热器出口温度，调节减温水量，床温上升时应及时调整。
6）若出现床温大幅度变化，再适当调节一次风量，可大量减少或增加给料量，但应注意床温的变化趋势，并根据床温的变化情况及时调节。

7）若出现过热蒸汽温度变化时，可适当调整二次风量。

（2）当锅炉负荷变化引起床温变化时，可以通过调节一次风量、二次风量、给料量、返料量来适应锅炉负荷的变化，其主要通过调整风、料的配比和一、二次风的配比来调节锅炉负荷。

（3）如因断料、料质变化或其他原因导致床温下降时，在保证床层良好流化的前提下，可适当减少一次风量，并增大给料量。若床温下降幅度大，应适当减少一次风量，及返料风量以减少返料量。

（4）负荷变化、料质变化、料量变化、回灰量变化，一、二次风量的变化，灰渣的沉积和堵料，以及锅炉水冷壁泄漏，爆管等原因，都会导致床温的变化。应及时分析原因，采取措施，维持床温正常稳定。

（5）若锅炉负荷大幅度减少，应同时减少一、二次风量，减少给料量。减少一次风量时，应注意不能低于最低流化风量，应保持良好的流化状态。若锅炉负荷大幅度的增大，应增加一、二次风量和返料量，增大给料量和循环灰量。

（6）正常燃烧时，一次风应占总风量的55%，一方面可以保证密相区的燃烧份额，另一方面使密相区在还原氧氛中燃烧，减少 NO_x 的排放量。

（7）正常运行时，合理调整一、二次风的配比，可得到锅炉机组最佳的燃烧效率。

（8）若床温上升，应减少给料量，或短时大量减料，减少料量时，不得将料减完，更不得停止给料机运行，加大回料，注意不得返空。若床温下降，应减少一、二次风量，增加给料量或短时增大给料量。

（9）料质突然变好，这时炉膛出口温度、汽温、床温有上升的趋势，炉膛出口烟气含氧量降低，炉膛出口负压减小，为稳定燃烧工况，应减少给料量。

（10）料粒径突然变大，造成密相区燃烧份额增大，床温升高。氧量指示无变化，应及时增大一次风量，适当减少二次风量。

（11）由于没有及时放渣，料层加厚，造成一次风量减少，料层差压增大，床温升高，应放渣处理。

（12）由于返料器堵灰，停止了返料灰的循环，床温升高，这时应及时放掉部分循环灰，疏通返料器。

（13）料质突然变差，这时炉膛出口温度、汽温、床温有下降趋势，炉膛出口烟气含氧量升高，这时应增大给料量，控制床温。料粒径突然变小，造成密相区燃烧份额减少，床温下降，这时应减少一次风量，增加二次风量，而不增加给料量，以免引起稀相区燃烧份额增大，及循环灰后燃，造成返料器超温结焦。

（14）氧量指示不变，床温渐渐下降，且整个燃烧温度都在降低，应放掉一部分循环灰，使床温升高。

（15）皮带给料机故障，料斗堵塞，引起床温下降，烟气含氧量上升，应及时处理，增大其他给料机转速。

（16）运行中应加强监视床温，床温过高时易结焦，床温低时，容易引起灭火。运行中一般控制在 $650\pm50℃$，最低不应低于 $550℃$。低负荷可以取较低温度，高负荷取较高的温度。床温主要通过风量、给料量来控制，当床温升高时，可增大一次风量，减少给料，当床温降低时，可降低一次风量，增加给料量来控制。

（17）锅炉满负荷运行时，风量一般保持不变，床温波动时，一般通过改变给料量来调整。

（18）运行中要加强返料器床温的监视和控制。一般返料器处的灰温最高不宜大于720℃。当返料器灰温升得太高时，应短时间大量减少给料量和降低锅炉负荷，查明原因后消除。

第三节   床压调控

（1）风室压力为布风板阻力与料层阻力之和，在风量不变的情况下，风室压力增大，表明料层增厚。维持一定的风室压力，通过炉底排渣来实现风室压力达到规定值。当风室压力增大时，应增大排渣量，每次排渣时，风室压力的下降不得超过300Pa。

（2）循环流化床锅炉床压的调节，就是对料层厚度的调节，也就是对料层差压的调节。

（3）运行中监视料层差压，可通过炉底放渣控制。正常运行中，料层差压控制在6500～7500Pa之间。

（4）当料层差压增大，一次风阻力增大，扬析和夹带的物料下降，负荷下降，可放掉部分炉渣。

（5）当料层差压减小时，可以通过添加床料来维持风室压力。

（6）底部放渣要求均匀，放渣量的多少由料层差压决定，每次排渣，两个排渣管都要放，以免大渣沉积和排渣管堵塞。

第四节   炉膛负压的调控

（1）一次风量是维持燃烧流化状态和一定的床温调整，二次风量是控制总风量，在达到满负荷时，一次风、二次风比例为55%和45%，调节风量保持炉膛中部负压–50～–100Pa。

（2）运行中，要保持炉膛负压在规定范围之内，不允许正压运行，在增减锅炉负荷或进行对燃烧有影响的操作时，尤其应注意炉膛负压的变化，保持炉膛负压、一次风量、二次风量的稳定，变化平衡，避免调节幅度过大。

（3）正常运行中维持炉膛差压约在200～300Pa之间。

（4）炉膛差压增大，循环灰量增加，可以通过放掉少量循环灰量，来控制炉膛差压在正常值。

第五节   烟气含氧量调控

（1）锅炉正常运行时，烟气的含氧量一般控制在7%～9%。根据氧量表含氧量指示的变化，对锅炉的运行调整做出迅速判断、调整。

（2）氧化锆氧量指示变小，表示料量可能增加，或料质突然变好，或一、二次风量减少，应立即调整料量及风量，以稳定床温等参数。

（3）氧化锆氧量指示增大，表示料量可能减少或料质突然变化，或一、二次风量增加，锅炉本体漏风系数增加，应及时调整燃烧，消除漏风。

（4）投入和调整二次风的基本原则是：

1）一次风调整流化，床温床压。二次风控制总风量，调整氧量，补充稀相区的氧量不足和气固两相达到良好混合的目的。

2）在一次风满足流化，炉床温度和料层差压需要的前提下，当总风量不足时，可以逐渐投入二次风，随着锅炉负荷的增加，二次风量逐渐增大。

3）锅炉在 60%～100%MCR 负荷范围内，二次风量随负荷的增加而增大，维持炉膛出口烟气含氧量在 7%～9%。

4）锅炉负荷在 60%MCR 以下负荷范围内，二次风量不变，随负荷下降，炉膛出口烟气含氧量上升。

（5）运行中最低运行风量的控制。最低运行风量是保证和限制循环流化床低负荷运行的下限风量，风量过低就不能保证正常的流化，时间稍长，就有结渣的危险。在冷炉点火时，不宜低于最低运行风量。

（6）当烟气中的含氧量升高，或引风机负荷显著增加时，应检查各部烟道、空气预热器及除尘器的严密性，并采取措施加以消除漏风。

（7）在运行中，应经常注意观察锅炉各部的漏风情况，所有看火门、人孔门均严密关闭，发现漏风应采取措施堵漏。

第六节　物料循环倍率的控制

一、物料循环倍率的概念

物料的循环倍率是指：旋风分离器捕捉下来的物料量与给进炉膛燃料量之比。即：

$$K = \frac{W}{B}$$

式中，K 为物料循环倍率；W 为返料回炉膛的物料量；B 为进入炉膛的燃料量。

二、物料循环倍率的重要性

物料循环倍率直接影响锅炉的燃烧和传热。由定义可知，一旦燃料量 B 确定后，影响 K 值大小的主要决定于物料回送量 W。

三、影响物料循环倍率的因素

（1）一次风量。一次风量的大小直接影响物料的回送量。一次风量过小，炉内物料的流化状态发生变化，燃烧室上部物料浓度降低，进入分离器的物料量也相对减少。这样不仅影响分离器的效率，同时也降低分离器的捕捉量，回送量也必然减少。因此在运行时根据炉膛上、中、下的温度和锅炉负荷，进行一次风量控制是很重要的。

（2）物料颗粒特性的影响。运行中燃料的颗粒特性发生变化，也将影响回料量的多少。如果入炉燃料的颗粒较粗，并且占的份额较大，在一次风量不变的情况下，炉膛上部稀相区的物料浓度降低，同时稀相区炉温也降低，其结果与一次风量相同。

（3）分离器分离效率的影响。即使燃料的颗粒特性达到要求，一次风量也满足，而分离器效率降低也将使回料量减少，也影响循环倍率 K 值。

（4）回料系统的影响。CFB 锅炉的回料系统若不稳定可靠，即使物料分离器捕捉到一定的物料量，也将不能稳定及时地送回炉膛，W 值也将发生变化，必然会影响循环倍率 K 的变化。这反映的主要是返料器的运行状况。返料器内结焦或堵塞和回料风压过低都会使 W 值减少，因此在运行中要加强监视、检查和调整。

思考题

10.1　循环流化床锅炉燃烧控制与调整的任务有哪些？

10.2　锅炉正常运行时有哪些现象？

10.3　试述循环流化床锅炉床温调节方法。

10.4　试述循环流化床锅炉床压调节方法。

10.5　试述循环流化床锅炉炉膛负压调节方法。

10.6　循环流化床锅炉运行中风量的调整原则是什么？

10.7　过量空气系数变化对循环流化床锅炉运行有什么影响？

10.8　影响物料循环倍率的因素有哪些？

第十一章　锅炉运行中的监视与调整

第一节　锅炉运行的调整任务

一、锅炉运行调整的主要任务

（1）保持锅炉的蒸发量在额定值内，满足汽机及双减的需要。
（2）保持正常的汽温汽压。
（3）均衡进水，保持正常水位。
（4）保证饱和蒸汽和过热蒸汽品质合格。
（5）保证燃烧良好，提高锅炉效率。
（6）保证锅炉机组安全运行，延长设备使用寿命。

二、注意事项

在运行中应加强观察与调整，确保运行工况稳定。

三、锅炉主要参数的控制要求

锅炉主要参数的控制要求见表 11-1。

表 11-1　锅炉主要参数的控制要求

名称	单位	限值	数值	备注
过热器蒸汽压力	MPa	最高	5.3	主汽门前压力为准
		最低	4.90	
过热蒸汽温度	℃	最高	455	
		最低	420	
给水压力	MPa	最低	≥	
给水温度	℃	正常	130	
排烟温度	℃	正常	150	
炉膛负压	Pa	正常	20-50	
料层温度	℃	正常	650±50℃	
料层差压	Pa	最高	7500	一般为 7000 左右
		最低	6000	
汽包水位	mm	最高低	±75	汽包中心线下 50mm 为零位
		正常	±50	
炉膛差压	Pa	正常	0～300	
炉膛出口温度	℃	正常	750 以下	

第二节　锅炉水位的调整

（1）锅炉给水应均匀，须经常维持锅炉水位在汽包水位计的正常水位处，水位应有轻微的波动，其允许变化范围为±50mm。

（2）锅炉给水应根据汽包水位指示进行调整，只有在给水自动调整器，低地水位计和水位警报器完好的情况下，方可依据低地水位计的指示调整锅炉水位。

（3）当给水自动调节器投入运行时，仍须经常监视锅炉水位的变化，保持给水量变化平稳，避免调整幅度过大，要经常对照给水流量与蒸汽流量是否符合，一般给水流量比蒸汽流量大 1~2t/h。若给水自动调节失灵，应改为手动控制，及时调整给水量，并通知热控检修人员处理。

（4）在运行中应经常监视给水压力和给水温度的变化，给水压力应高于汽包工作压力0.8~1.2MPa，给水温度应不低于 105℃，当给水压力或给水温度低于规定值时，应即时联系汽机人员进行调整。

（5）在运行中应经常保持两台汽包水位计完整，指示正确、清晰易见、照明充足。

（6）DCS 上水位指示每班应与电接点水位计的指示相互对照，若指示不一致时，应验证水位计指示的正确性，必要时冲洗水位计，通知热工对指示不准确的水位计进行处理，并按正确的指示控制给水量。

（7）当锅炉低负荷运行时，应调整汽包水位稍高于正常水位，以免负荷增加时造成低水位；当高负荷运行时，应调整汽包水位稍低于正常水位，但上下变动的范围不得超过正常水位±50mm。

（8）锅炉冷态时汽包水位计投入步骤：

1）确认汽包水位计检修工作结束，照明齐全。

2）开启汽包水位计汽侧，水侧，一、二次门，关闭放水门。

（9）锅炉热态时汽包水位计投入步骤：

1）确认汽包水位计检修工作结束，照明齐全，汽、水门及放水门均在关闭状态。

2）微开放水门约一周，全开汽、水侧一次门。

3）微开汽侧二次门四分之一周，水位计预热 10min。

4）关闭放水门。

5）开启水侧二次门四分之一周，向水位计徐徐导入热水。

6）交替开启汽门和水门直至全开。

7）观察水位计水位应有微小波动。

（10）汽包水位计的解列：

汽包水位计在运行中如发现严重泄漏和爆破，应将汽包水位计解列，其操作步骤如下：

1）关闭汽包水位计水、汽侧二次门。

2）开启汽包水位计放水门，将水位计内余水放尽。

3）关闭汽包水位计水、汽侧一次门。

4）关闭水位计放水门。

（11）汽包双色水位计的冲洗：

1）关小汽、水侧二次门。

2）开启放水门，冲洗汽管、水管及玻璃管。

3）关闭水门，冲洗汽管及玻璃管。

4）开启水门，关闭汽门，冲洗水管及玻璃管。

5）开启汽门，关闭放水门，恢复水位计运行。

（12）汽包电接点水位计的冲洗：

1）关闭水位计水、汽侧二次门。

2）开启水位计放水门，水放完后关闭。

3）缓慢开启水位计水侧二次门，放满水后关闭。

4）开水位计放水门放水冲洗，再关放水门。

5）上述冲洗方法重复 2～3 次后，将电接点水位计恢复运行。

（13）冲洗水位计注意事项：

1）冲洗汽包水位计时应缓慢进行（在气温较低时尤为注意），操作者一定要站在汽包水位计侧面，不可站在前面工作。

2）水位计在冲洗过程中，汽门和水门不得同时处于关闭状态。

3）汽包水位计水侧阀门不要开得太大，否则安全球动作堵死水路。

4）如果安全球已堵住通路，可重新关闭此门后再缓慢开启。

5）汽包双色水位计每天白班应冲洗一次，每个运行班应有专人负责水位计的冲洗工作。当发现汽包水位计指示模糊或指示不符时，应增加冲洗次数。

6）汽包水位计冲洗完毕后，两台汽包水位计应进行对照，并与电接点水位计进行对照，如指示不正常时，应重新冲洗。

（14）应经常对照水位计，至少每班进行两次，并保证指示一致。

（15）每两周对水位报警进行一次试验，以验证报警系统良好、灵敏，试验时，须保持锅炉运行稳定，水位指示正确。

第三节　汽压和汽温的调整

（1）在运行中，应根据汽机及双减的需要和并列运行锅炉的负荷分配，相应调整锅炉的蒸发量和过热蒸汽参数。为确保锅炉燃烧稳定及水循环正常，锅炉蒸发量不应低于额定蒸发量的 50%。

（2）在运行中，应根据锅炉负荷的变化情况合理地调整燃烧，以保证锅炉的汽压和汽温在正常范围内，汽包压力不超过 5.9MPa，过热器出口蒸汽压力不超过 5.3MPa，过热器出口蒸汽温度不超过 450℃。严禁超压、超温运行。

（3）锅炉汽压与汽温可按汽机需要做相应的调节。锅炉出口汽压允许变化范围为+0.05～－0.10MPa，过热器蒸汽温度允许变化范围为+5～－10℃。当负荷增加、汽压下降时，应先加风，后加燃料，负荷下降、压力升高时，应先减燃料后减风，改变风、料量时，应缓慢交替进行，采用"少量多次"的方法。

（4）当主汽温度发生变化时，应适当调整一、二级减温水量（一次减温水为粗调，二级减温水为细调），保持主汽温稳定，手动调节减温水量时，不得猛增猛减，防止汽温波动过大。投入自动调节时，应保证减温水量变化平稳。

（5）过热器出口蒸汽温度可通过混合式减温器自动调节稳定在 450℃左右。当负荷低于额定负荷的 70%时可以解列减温器，如果温度还达不到要求，可以改变二次风比例，使稀相区温度上升，从而达到其目的。

（6）当减温水已增至最大，过热蒸汽出口温度仍然过高时，可采取下列措施来降低过热器蒸汽出口温度。

1）开启减温水旁路门。

2）减小一次风量，适当调整二次风量，减少过剩空气量。

3）调整下降密相层。

4）适当减少回料量。

5）适当减少给料量，降低锅炉负荷。

6）提高给水温度至设计值。

（7）当汽温变化不正常时，应检查是外部原因还是内部原因，检查是否由于床料结焦、锅炉漏风和燃烧不合理、回料不正常、给料机断料或堵料原因造成，并应立即采取措施消除。

（8）供汽参数正常，锅炉和汽机的蒸汽压力、汽温表的指示每班应对照一次，若发现指示不正常时，应及时联系热工人员处理，并做好记录。

（9）锅炉负荷变化，也就是循环倍率发生变化，所以当锅炉负荷增加时，应先调整增大风量，再调整增大给料量。当负荷降低时反之。（因为加料会造成密相区热值增加，会引起料层温度大幅度的迅速上升，还会使循环物料中可燃物增多，可燃物在返料器内燃烧使返料温度升高，使返料器结焦。）

（10）饱和蒸汽压力的差值是随负荷的增大而加大的，要注意蒸汽流量的变化，调节燃烧稳定汽压。

（11）遇到下列情况应特别注意汽压变化，负荷变化、受热面管子爆破、料质变化、汽水共腾、安全门动作。

第四节　锅炉排污

（1）为了保持受热面内的清洁，避免炉水发生汽水共腾及蒸汽品质变坏，必须对锅炉进行有规律的排污。

1）连续排污：从水循环回路中含盐浓度最大的部位（汽鼓水面下），连续不断地放出炉水，以维持额定的炉水含盐量。

2）定期排污：补充连续排污的不足，从锅炉下部联箱排出炉内的沉积物，帮助改善炉水品质。

（2）炉水和蒸汽品质应符合下列规定：

1）磷酸根 5～15mg/L　pH 值 9～11；

2）过热蒸汽品质标准：$Na^+ \leq 10\mu g/L$　$SiO_2 \leq 20\mu g/L$；

（3）在运行中，应根据汽水品质控制标准及化验结果适当调节连续排污二次门开度。此阀门由化验员通知汽机值班员进行操作。

（4）在运行中每天对锅炉进行一次定期排污，排污应尽可能在低负荷时进行。每一循环回路的排污时间，当排污门全开时，不宜超过 30s，不准两炉同时排污，不准同时开启两组或更多的排污门，当排污门打不开时，不允许强行开启。

（5）锅炉排污时，应严格遵守《电业安全工作规程》（热力和机械部分）的有关规定。

（6）排污前，应做好联系工作，应注意监视给水压力和汽包水位的变化，并维持水位正常。排污后应全面检查确认各排污门是否关闭严密。

（7）排污应缓慢进行，防止水冲击。如管道发生严重振动，应停止排污，待故障消除后，再进行排污。

（8）在排污过程中，如锅炉发生事故，应立即停止排污，但汽包水位过高和汽水共腾时除外。

（9）排污的操作步骤：

1）全开排污总门。

2）全开排污一次门（隔离门）。

3）微开排污二次门（调整门）对管道及系统进行预热。

4）缓慢开大二次门直至全开。

5）关闭排污二次门。

6）关闭排污一次门。

7）关闭排污总门。

8）排污结束后将所有排污门全部检查一次，确认关闭严密。

第五节　排渣放灰与打焦

（1）锅炉排渣，放灰为固态排放，其温度较高，在运行中应经常监视料层差压，炉膛差压等有关重要参数及排渣设备的运行情况，以保证锅炉安全运行。

（2）在运行中，根据料层差压，人工进行放渣工作，使料层差压稳定在 7000Pa 左右，保持锅炉运行正常，燃烧稳定。

（3）遇到下列情况应停止放渣：

1）锅炉燃烧不正常，流化不稳定。

2）料层差压较低，并小于 6500Pa。

3）热态启动中。

4）给料机给料中断。

5）未经司炉许可。

（4）遇到下列情况之一，可加强排渣：

1）确认床内沉积有大粒，影响流化质量时。

2）在运行过程中发现有微结焦现象时。

3）在燃烧室上、下、温差相差 100～150℃时。

4）料层差压较大，超过 7500Pa 时。

（5）排渣的其他注意事项：

1）排渣时，风室压力减少不超过 300～500Pa，不得影响锅炉负荷。

2）不得在排渣时增大给料量。

3）不得用力撞击落渣管。

4）排渣过程中，如有耐火混凝土、风帽、耐火砖及异物放出时，应立即通知司炉进行处理，如有渣管堵塞，立即报告值长，组织处理，并将结果记录在交接班记录本内。

（6）司炉应根据锅炉负荷、回料温度、床温等具体因素进行放灰，其放灰的原则是勤放、少放、正常时不放。

（7）遇下列情况之一可进行放灰：

1）突然减负荷。

2）旋风分离器损坏或返料器堵灰结焦时。

3）炉膛差压值超过 300Pa 时。

4）返料风中断或返料器内小风帽严重损坏时。

5）床内燃烧流化不正常时，床温偏低时。

（8）放灰应注意事项：

1）手动放返料器的循环灰时，应征得司炉同意，放灰工作人员工作时应戴上安全帽、手套和防护眼镜以及防护面具。放灰量的多少根据锅炉负荷返料温度、炉床温度以及旋风分离器进口烟温等具体因素确定。

2）放返料器的存灰时，不得影响锅炉负荷。

3）不得引起床温大幅度的波动。

4）不得用力撞击放灰管。

5）在放灰过程中，应缓慢进行，防止热灰喷出伤人。

6）在放灰过程中，要注意各焊接点和放灰门销子的牢固性，防止异常事故的发生。

（9）在锅炉点火阶段和正常运行中，应经常监视炉膛温度和返料温度防止料层局部超温结焦，料层局部出现小的结焦时，立即加大一次风量，同时加大放渣，消除结焦。

（10）发现料层结焦时，应及时报告值长处理。

（11）当返料器出现结焦时，立即停炉，打开人孔门处理正常后重新启动。

第六节　转动机械的运行监视

（1）每小时应对转动机械的运行情况检查 1 次，特殊情况应按值长的命令时刻监视检查内容有：

1）有无异常的摩擦现象。

2）有无异常的声音。

3）油位计不漏油，指示正确，油位正常（不得超出上、下限），油质清洁、油环转动良好，带油正常。使用润滑油、脂的轴承，应定期注入适量的油、脂。如有异常情况，应及时向值长汇报，并找检修人员处理，若无法处理时，则应经常检查，并补充同型号的润滑油，保持油位正常，如油质变劣化，应更换。

4）轴承冷却水充足，排水畅通不飞溅。

5）轴承温度正常，振动、串轴不超过规定值。

6）安全护罩完好，地脚螺丝牢固。

7）电动传运机构传动完好。

8）电动机电流无较大幅度波动，电流不超过额定值。

（2）皮带给料机的检查：

1）齿轮箱油位正常，油质清洁。

2）传动链条完整，无松动、脱扣等现象，转动正常。

3）防护罩完整无脱落。

4）电动机及冷却风扇工作正常。

5）皮带无撕裂、破损，转动时，无跑偏、打滑现象。

6）固定螺丝牢固无松动。

7）托滚转动正常。

（3）拨料机的检查：

1）齿轮箱油位正常，油质清洁。

2）转动方向正确。

3）传动轮与从动轮啮合正常。

4）电动机及冷却风扇工作正常。

5）固定螺丝牢固无松动。

6）靠背轮连接牢固、完好。

（4）电动机的运行情况按《厂用电动机运行规程》的规定，温升不超过 50℃。

（5）转动机械主要安全限额：

1）滚动轴承温度不许超过 80℃，滑动轴承温度不许超过 70℃。

2）润滑油温度不许超过 60℃。

3）轴承振幅限制见表 11-2。

表 11-2　轴承振幅限制

额定转速 r/min	750 以下	1000	1500	3000
振幅 mm	0.16	0.13	0.10	0.06

4）串轴不大于 2～4mm。

（6）转动机械轴承使用的润滑油、脂型号、质量应符合厂家要求，在加油时，应添加同一型号的润滑油，不得任意更改。一般情况下润滑油每月取样分析一次。如果不合格应予以更换。

第七节　锅炉运行定期工作

（1）锅炉定期工作的执行必须遵守规程和操作规定。

（2）定期工作执行时，当发现不正常情况、设备缺陷等，应做好详细记录，并联系检修消缺。

（3）锅炉定期工作：

1）接班前应对锅炉所有设备全面检查一次。

2）接班后应与汽机对照主蒸汽参数。

3）每小时对运行参数抄表一次。

4）每天的白班接班后应将汽包就地压力、就地水位、集汽联箱就地压力与 DCS 上的指示进行对照。

5）每个班对空压机及储气罐进行放水一次。

6）每个白班的 9:00 进行定期排污一次。

7）每个白班应冲洗汽包玻璃管水位计。

8）每个班应对锅炉尾部受热面进行吹灰两次，每次间隔时间为 4h。如在运行过程中发现低温过热器前的烟气压力与排烟压力压差明显增大时，应立即进行吹灰，不受规定时间的限制。

9）每个白班应对所有转动设备测温、测振两次，间隔时间为 4h。

10）每两个小时应对锅炉设备全面检查一次。

11）每个月的 15 号和 30 号白班对电接点水位计进行冲洗一次，并试验水位报警装置。

12）每个月 1 号的白班应对紧急放水门和对空排汽门的电动门进行试验（试验前应将一次门关闭严密）。

13）转动设备轴承箱润滑油，在巡检过程中视油位情况由运行人员及时添加，油位不得低于油面镜的 1/2。

14）每周六的白班，试运燃油泵。

思考题

11.1　循环流化床锅炉运行调整的任务有哪些？

11.2　锅炉负荷变化时，汽包水位变化的原因是什么？

11.3　冲洗水位计需注意哪些事项？

11.4　当减温水已增至最大，但过热蒸汽出口温度依然过高，此时该怎么处理？

11.5　什么是锅炉的连续排污？它有何作用？

11.6　什么是锅炉的定期排污？它有何作用？

11.7　锅炉排渣时应注意哪些事项？

11.8　锅炉的转动机械每小时应当进行一次检查，检查的内容主要有哪些？

第十二章 锅炉机组的停运

第一节 正常停炉

（1）正常停炉是指有秩序地降低锅炉负荷，使汽轮机与锅炉解列而不引起温度和压力发生大的波动。

（2）停炉前的准备：

1）应将预计的停炉时间通知汽机、电气、化水、热工、燃料值班员。

2）停炉前对尾部受热面进行一次吹灰。

3）对所有下联箱进行排污。

4）停炉前对锅炉设备进行一次全面检查，将所有发现的缺陷准确无误地记录在有关记录本上，以便检修处理。

5）停炉前一定要将燃料仓内的燃料用尽。

（3）锅炉机组正常停炉程序：

1）解列保护和联锁装置。

2）逐渐减少给料量及风量，降低锅炉负荷，注意汽温和汽压的变化。

3）待燃料仓燃料用尽后，停止拨料机运行，待给料机皮带走空后，停止所有给料机运行，关闭各下料口闸板。

4）将所有自动调节改为手动，调整给水量，保持水位稳定。

5）随着炉膛出口烟气含氧量的上升，逐渐关小直至关闭二次风量调节门，停止二次风机，关闭入口风门。

6）根据汽温下降情况减少减温水量，直至关闭一、二级减温水调节门，退出减温器。

7）当床温降低至 450℃ 以下时，停止一次风机，关闭进、出口风门。

8）开启左、右返料器底部放灰门对返料器进行放灰，待循环灰放尽后，停止罗茨风机。

9）调整炉膛出口负压在−100Pa 左右，通风吹扫 3～5 分钟后，停止引风机，关闭入口风门。

10）当主汽流量降至零时，关闭电动主汽门（单炉运行应得到汽轮机司机和值长的同意），联系汽机关闭隔离门，开启隔离门前疏水门。

11）上水至汽包水位计最高水位处，停止上水，开启汽包至省煤器再循环门。

12）开启除尘器旁路门，对除尘器滤袋进行清灰，退出除尘器运行。

13）开启过热器集汽联箱疏水门或对空排汽门以冷却过热器，待过热器烟气温度降至金属管壁极限温度以下时可以关闭。

14）关闭连续排污门、加药门、各取样一次门。

15）停炉后，保持仓泵输灰系统继续运行 1h，确认无积灰后，停止输灰系统，停止空压机运行。

16）全面检查，汇报值长，做好详细记录。

17）在锅炉汽压未降到零或电动机尚未切断电源时，应加强对锅炉的监视。

第二节　停炉后的冷却

（1）锅炉停止供气后，关闭过热集汽联箱主气门和蒸汽母管隔离门，如是单炉单机运行，关闭主汽门时，应得到汽机司机和值长的同意。

（2）停炉后，若汽包压力仍然上升，有可能超过工作压力时，应适当打开对空排汽及高过疏水，但不得使锅炉急剧冷却。停炉后降压速度要严格控制，24h 内不得脱离人员监护，24h 内压力逐渐降到零。

（3）在整个停炉和冷却的过程中，要加强监视锅炉汽包压力和水位。

（4）降压速度（表 12-1）。

表 12-1　降压速度

序号	压力降	时间
1	工作压力～4.0MPa	4h
2	4.0MPa～3MPa	4h
3	3MPa～2.0MPa	4h
4	2.0MPa～1.5MPa	4h
5	1.5MPa～1.0MPa	3h
6	1.0MPa～0.5MPa	3h
7	0.5MPa～0	2h

（5）锅炉停炉进行检修时按下列要求进行冷却：

1）停炉后 10h 内应紧闭炉门、所有烟、风道人孔门及有关风门挡板，以免锅炉急剧冷却。

2）停炉 10h 后，可打开引风机入口挡板和炉门，自然通风冷却并进行必要的放水，上水。

3）停炉 16h 后，床温低于 200℃时，锅炉如果有加速冷却的必要，可启动引风机、一次风机将床料放尽，适当增加上水放水次数。

4）锅炉汽包压力降至 0.1～0.3MPa 或炉水温度低于 80℃时，因检修需要，可将炉水放尽。当汽包压力低于 0.2MPa 时，应开启汽包空气门，以便放水工作顺利进行。

（6）若需紧急冷却时，则允许在关闭过热器出口主汽门 12h 后，启动引风机、一次风机将床料吹冷到 200℃后放光，加强通风，并增加上水、放水次数。

（7）停炉后，应将停炉及冷却过程中的主要操作及所发现的问题，记录在有关记录本内。

第三节　热停炉

一、有计划的热停炉

（1）锅炉停炉 8 小时以内，且保持一种可启动的热备用状态。

（2）接到锅炉停炉命令后，应对锅炉设备全面检查一次，将所有缺陷做好记录，以便检修。

（3）当锅炉准备热停炉时，应通知燃料值班员停止向燃料仓进料。

（4）对尾部受热面进行一次吹灰。

（5）断开锅炉联锁开关和保护。

（6）尽可能将燃料仓的余料用尽，逐渐降低锅炉负荷，停止拨料机运行，停止皮带给料机运行，关闭下料口闸板。

（7）将所有自动调节改为手动，调整给水量，保持水位稳定。

（8）关小直至关闭二次风调节门，停止二次风机运行。

（9）根据气温下降情况减少减温水量，直至关闭一、二级减温水调节门，退出减温器。

（10）当床温降低至 450℃ 以下时，停止一次风机，关闭进、出口风门，停止罗茨风机，通风 2～3 分钟后停止引风机，关闭所有风门和风机入口挡板。

（11）当主汽流量降至零时，关闭电动主汽门，联系汽机关闭隔离门，开启隔离门前疏水门。

（12）汽包水位应保持正常，停止上水后，开启汽包至省煤器再循环门。

（13）开启除尘器旁路门，对除尘器滤袋进行清灰，退出除尘器运行。

（14）关闭连续排污门、加药门、各取样一次门，开启过热器集汽联箱疏水门。

（15）停炉后，保持仓泵输灰系统继续运行 1h，确认无积灰后，停运输灰系统，停止空压机运行。

（16）待过热器烟气温度降至金属管壁极限温度以下时，关闭过热器集汽联箱疏水门。

二、非计划停炉（MFT）操作

（1）锅炉因故障停炉，待故障消除后，按照热再启动程序可迅速启动。

（2）若故障未消除，保持热维持状态，直到准备再启动为止。

三、紧急停炉操作

（1）达到 MFT 动作条件，MFT 未动作时，应立即手按"紧急停炉"按钮，确认各转动设备跳闸。

（2）当锅炉出现危急情形达到紧急停炉条件时，立即停止所有给料机、拨料机，关闭所有下料口闸板。

（3）立即停止二次风机、一次风机、罗茨风机、引风机运行（炉管爆破时，引风机不停）。关闭各风门、挡板。

（4）严重缺水或满水时，立即关闭主汽门。单炉运行时，应征得值长和汽机司长的同意。

（5）除严重缺水、满水、炉管爆破外，应注意保持锅炉水位。

（6）其他操作按正常停炉程序执行。

思考题

12.1　什么叫正常停炉？正常停炉前应做好哪些准备工作？

12.2　停炉后的冷却是怎样规定的？

12.3　什么叫热停炉？它分为几种情况？

12.4　什么叫紧急停炉？紧急停炉怎么操作？

第十三章　锅炉事故处理

第一节　事故处理的原则

（1）事故发生时，运行人员要尽快消除事故根源，根据事故发展，解除其对人身和设备的威胁。

（2）在保证人身安全和设备不受损坏的前提下，尽可能维持机组运行。

（3）要求运行人员在处理事故时，做到头脑清晰，沉着冷静，迅速判断，果断处理，将事故消灭在萌芽状态，防止事故扩大。

（4）对事故发生的时间、现象、处理过程，应做好详细记录，并及时向有关领导报告。

（5）处理事故时，应在值长统一指挥下进行，并保持非故障设备的正常运行。在未接到交班命令前，交班人员应继续工作，接班人员协助处理，直到恢复正常。

第二节　紧急停炉与申请停炉

一、遇有下列情况需紧急停炉

（1）锅炉严重缺水，水位低于汽包水位计最低水位。

（2）锅炉严重满水，水位超过汽包水位计最高水位。

（3）受热面严重爆管，不能维持锅炉正常水位时。

（4）所有水位计失灵时。

（5）锅炉汽水管道爆管威胁设备和人身安全时。

（6）压力超出安全门动作压力，安全门不能动作，同时向空排汽门无法打开时。

（7）流化床、返料器结焦，不能维持运行时。

（8）主要转动设备故障，危及设备和人身安全时。

（9）燃料在尾部烟道内再燃烧，使排烟温度不正常地升高时。

（10）排渣管断裂漏渣，无法保持料层差压时。

（11）锅炉水冷壁管或炉膛内水冷屏爆破，大量汽水混合物流入床料中，床温急速下降时。

（12）已符合 MFT 动作条件，而 MFT 拒动时。

（13）热控仪表电源中断，无法监盘、调整主要运行参数时。

（14）DCS 全部操作站出现故障，且无可靠的后备操作监视手段。

二、遇下列情况应申请停炉

（1）水冷壁管、过热器管、省煤器管及联箱泄漏，尚能维持锅炉运行及汽包水位正常且床温不会大幅度下降时。

（2）炉墙出现裂缝且有倒塌危险，或炉架横梁烧红时。

（3）安全门动作，经采取措施不能回座时。

（4）锅炉给水、炉水、蒸汽品质严重超标或汽水共腾经处理无效时。

（5）其他辅助设备不正常，且危及锅炉运行时。

（6）风帽及绝热材料损坏严重时。

（7）锅炉主汽温度及各段过热器管壁温度超过允许值，经调整和降低负荷，仍未恢复正常时。

（8）床温测点损坏四点及以上，且短时间无法恢复时。

（9）返料器返料不正常，床压和床温难以维持正常运行时。

第三节　锅炉满水

锅炉满水可分为轻微满水和严重满水两种。当水位超过汽包水位计 150mm 水位，水位计上仍能见到水位时，为轻微满水；若超过水位计上部可见部分，经"叫水"后，仍看不到水位线，为严重满水。

一、锅炉满水现象

（1）汽包水位计的水位指示超过正常高水位。

（2）低地位水位计指示水位过高。

（3）水位报警器发出水位高报警。

（4）给水流量不正常地大于蒸汽流量。

（5）蒸汽含盐量增加。

（6）过热器蒸汽温度有所下降。

（7）严重满水时，汽温直线下降，蒸汽管道发生水冲击，法兰截止门处向外冒汽。

二、满水的原因

（1）运行人员疏忽大意，对水位监视不够，调整不及时或误操作。

（2）水位计指示不准造成误判断，当汽包水位计的汽联通管或阀门向外泄漏时，水位计指示偏高；水联通管或阀门向外泄漏时，水位指示偏低；当水位计水连通管堵塞时，水位计中的水位会逐渐升高，如果对这些情况判断不正确就会造成满水。

（3）给水自动调节器失灵，给水调节装置故障未及时发现。

（4）给水压力突然升高，监视不力未及时调整。

（5）外界负荷剧增，主汽压力突然降低，本炉负荷增大，带动汽包水位高涨。

三、满水的处理

（1）当锅炉气压正常，给水压力正常，汽包水位且超过+50mm 时，须验证电接点水位计的正确性，迅速与汽包玻璃管水位计对照，必要时进行冲洗。

（2）若因给水自动调节失灵，而影响水位过高时，将自动改手动，关小调整门，减少给水。

（3）因给水压力异常引起水位升高时，立即与汽机值班人员联系，尽快恢复正常，同时关小给水调节阀。

（4）若水位继续升高，开启事故放水门或定期排污门放水。

（5）经上述处理后，汽包水位仍上升，超过+100mm 时，继续关小或关闭给水门，停止上水时，开启省煤器再循环门（进水时关闭），派专人监视汽包就地水位计，必要时冲洗水位计。

（6）根据汽温下降情况，关小或关闭减温水调节门，必要时开启过热器疏水门和锅炉主汽隔离门前疏水门。

（7）如汽包水位超过水位计上部可见水位时，立即停炉并汇报值长，关闭主汽门。

（8）加强锅炉放水，密切注意水位，水位在水位计中出现后，调整至正常水位。

（9）查明原因待故障消除后，尽快恢复锅炉机组运行。

四、锅炉满水的预防

（1）不间断地加强对水位计的监视，定期对照各水位计，应一致，不一致时立即查明原因。

（2）定期冲洗汽包水位计，保证其指示正确性。

（3）加强责任心，对给水系统经常检查。

第四节　锅炉缺水、水位不明及叫水程序

一、缺水

锅炉缺水分为轻微缺水和严重缺水两种情况。当汽包水位计中水位降至最低允许水位以下，或水位计不能直接看到水位，用叫水的方法能使水位出现时，为轻微缺水；若在水位计内看不见水位，且用叫水的方法未使水位出现时，为严重缺水。

1．缺水的现象

（1）汽包水位线低于正常值。

（2）低地位水位计指示负值增大。

（3）水位报警鸣叫，低水位信号灯亮。

（4）过热蒸汽温度升高。

（5）给水流量不正常地小于蒸汽流量（炉管爆破时则相反）。

2．缺水的原因

（1）给水自动调节失灵、给水调节装置故障。

（2）水位计、蒸汽流量表、给水流量表指示不正确，使运行人员误判断而操作错误。

（3）锅炉负荷骤减，气压升高造成虚假水位。

（4）给水压力下降。

（5）锅炉排污管道，阀门泄漏，排污量过大。

（6）水冷壁管或省煤器管破裂。

（7）运行人员疏忽大意，对水位监视不够，调整不及时或误操作。

3．缺水的处理

（1）当发现汽包水位异常时，验证低地水位计的指示正确性。

（2）若因给水调节自动失灵而影响水位降低时，解列给水自动调节，手动开大调整门，

增大给水量。

（3）如用调整门不能增加给水时，则应投入给水旁路，增加给水量。

（4）经上述处理后，汽包水位仍下降，且负至 100mm 处时，除应继续增加给水外，尚须关闭所有的排污门及放水门，必要时，可适当降低锅炉蒸发量。

（5）如汽包水位继续下降，且在汽包水位计中消失时，须立即停炉，关闭主汽门，继续向锅炉上水。

（6）给水压力下降时，应立即联系汽机人员提高给水压力。如果给水压力迟迟不能恢复，且使汽包水位降低时，应降低锅炉蒸发量，维持水位。在给水流量小于蒸汽流量时，禁止用增加锅炉蒸发量的方法，提高汽包水位。

（7）由于运行人员疏忽大意，使水位在汽包水位计中消失，且未能及时发现，依低地位水位计的指示能确认为缺水时须立即停炉，关闭主汽门及给水门，并按下列规定处理：

1）进行汽鼓水位计的叫水。

2）经叫水后，水位在汽包水位计中出现时，可增加锅炉给水，并注意恢复水位。

3）经叫水后，水位未能在汽包水位计中出现时，严禁向锅炉上水。待锅炉冷却，经检查无异常后，才允许锅炉上水。

二、叫水程序

（1）开启汽包水位计的放水门。

（2）关闭汽门。

（3）关闭放水门，若水位在水位计中出现为轻微缺水，无水出现则为严重缺水。

（4）叫水后，开启汽门，恢复水位计的运行。叫水时先进行水位计水部分的放水是必要的，否则可能由于水管存水而造成错误判断。

三、水位不明

（1）在汽包水位计中看不到水位，用低地水位计又难以判明时，应立即停炉，并停止上水。

（2）停炉后利用汽包玻璃管水位计，按叫水法查明水位：

1）缓慢开启放水门，注意观察水位，水位计中有水位线下降，表示轻微满水。

2）若不见水位，关闭汽门，使水部分得到冲洗。

3）缓慢关闭放水门，注意观察水位，水位计中有水位线上升，表示轻微缺水。

4）如仍不见水位，关水门，再开启放水门，水位计中有水位线下降，表示严重满水，无水位线出现，则表示严重缺水。

（3）叫水操作必须重复一次，以验证判断的正确性。

（4）查明后，将水位计恢复运行。

四、锅炉缺水的预防

（1）不间断地监视各水位计，并定期对照，核对各水位的正确性，并定期进行冲洗。

（2）负荷变动时，应及时调整水位。

（3）定期检查给水调节装置，应灵敏可靠。

（4）给水压力低时，应及时与汽机人员联系提高给水压力。

（5）在其他炉点火升压时，应注意运行炉的给水压力。

（6）锅炉排污时，应严格按排污规定执行。

第五节　汽包水位计损坏

一、汽包水位计损坏的原因

（1）冲洗和更换玻璃管后暖管时间不够。

（2）运行时间太长，炉水对玻璃腐蚀和冲刷，玻璃管质量差。

（3）螺丝固定不均匀。

（4）汽管和水管堵塞。

（5）垫子不好，漏水漏气。

（6）没有按规定冲洗水位计，汽水管路有堵塞，放水考克不严。

二、汽包水位计损坏的处理

（1）当汽包水位计损坏时，立即将损坏的水位计解列，关闭水门及汽门，开启放水门。

（2）如汽包水位计损坏一台，应用另一台汽包水位计监视水位，并采取措施修复损坏的水位计。

（3）如汽包水位计全部损坏，具备下列条件，允许锅炉继续运行 2h。

1）给水自动调节器动作可靠。

2）水位报警装置完好。

3）两台低地位水位计的指示正确，并且在 4h 内与汽包水位计的指示对照过。

（4）此时应保持锅炉负荷稳定，并采取紧急措施，尽快修复一台汽包水位计。

1）如给水自动调节器或水位报警器动作不够可靠，在汽包水位计全部损坏时，只允许根据可靠的低地位水位计维持运行 20min。

2）如汽包水位计全部损坏，且低地位水位计运行不可靠时应立即停炉。

三、汽包水位计损坏的预防

（1）冲洗玻璃管水位计时，应小心地进行，操作过程中，汽门和水门不得同时处于关闭状态，不允许玻璃管的温度发生突然变化。

（2）更换水位计的玻璃管时，应施力均匀。

（3）防止外部的冷水冲刷到玻璃管上。

第六节　汽水共腾

一、汽水共腾时的现象

（1）蒸汽和炉水的含盐量增大。

（2）汽包水位计发生剧烈波动，严重时，汽包水位计看不清水位。

（3）过热器蒸汽温度急剧下降。

（4）严重时，蒸汽管道内发生水冲击，法兰处冒白汽。

二、汽水共腾的原因

（1）炉水品质不合格，达不到标准，悬浮物或含盐量过大。

（2）没有按规定进行排污，或连排开度不够。

（3）负荷增加太快，幅度过大。

（4）加药量过大。

三、汽水共腾的处理

（1）将各自动装置切换为手动操作。

（2）适当降低锅炉蒸发量，并保持稳定。

（3）全开连续排污门，必要时，开启事故放水门或下联箱排污门，加强换水。

（4）停止向锅炉加药。

（5）开启过热器和蒸汽管道的疏水门，并通知汽机开启有关疏水。

（6）维持汽包水位略低于正常水位（−30～−50mm）。

（7）通知化学值班人员取样化验，采取措施改善锅炉质量。

（8）水质量未改善前，不允许增加锅炉负荷。

（9）故障消除后，冲洗波管水位计。

第七节　锅炉承压部件损坏

一、水冷壁管（屏）爆破

1. 水冷壁管（屏）爆破的现象

（1）汽包水位迅速下降，低水位报警，低水位指示灯亮。

（2）蒸汽压力和给水压力下降。

（3）在给水自动调节状况下，给水流量不正常地大于蒸汽流量。

（4）炉膛温度降低，排烟温度降低。

（5）轻微泄漏时，有蒸汽喷出的响声；爆破时，有明显的响声。

（6）炉膛压力增大，炉膛出口变正压，并从炉膛不严处喷出烟气，引风量增大。

（7）燃烧不稳，燃烧室床温不均。比正常运行时低，严重时会造成灭火。

（8）返料温度相对地降低。

2. 水冷壁管（屏）爆破的原因

（1）给水质量不良，炉水处理方式不正确，化学监督不严，未按规定进行排污，致使管内结垢腐蚀。

（2）检修安装时，管子被杂物堵塞，致使水循环不良引起管壁过热，产生鼓包和裂纹。

（3）管子安装不当，制造有缺陷，材质不合格，焊接质量不良。

（4）锅炉密相区水冷壁与浇注料过渡区不平滑而引起的局部磨损。

（5）汽包或联箱的支吊装置安装不正确，影响管子自由膨胀，致使胀口松动产生裂纹。

（6）运行方式不合理，锅炉长期在超负荷或低负荷状态下运行。一次风速过大。

（7）燃料颗粒直径增大，管外壁受到床料磨损严重。

（8）定期排污量过大，排污时间过长，造成水循环被破坏。

（9）锅炉严重缺水时，又错误地大量进水。

3. 水冷壁管（屏）爆破的处理

锅炉水冷壁管（屏）发生爆破，不能维持汽包水位时，应按下列规定处理：

（1）立即停炉，退出除尘器运行，保留引风机运行，以便排出炉内的烟气和蒸汽。

（2）迅速组织人员将床料放尽。

（3）停炉后，立即关闭主汽门和锅炉主汽隔离门。

（4）提高给水压力，增加锅炉给水。

（5）如损坏严重，致使锅炉汽压迅速降低，给水消耗过多，经增加给水仍看不到汽包水位计的水位时，应停止给水。

（6）处理故障时，须密切注意运行锅炉的给水情况，如果故障锅炉和运行锅炉由同一给水母管供水，备用给水泵已全部投入运行，仍不能保证运行锅炉的正常给水时，应减小或停止故障锅炉的给水。

（7）故障炉内的蒸汽基本消除后，方可停止引风机。

（8）如果水冷壁损坏不大，水量损失不多，能保持汽包正常水位，且不致很快扩大故障时，可适当降低蒸发量，维持短时间运行，汇报上级领导，申请停炉。若损坏加剧，则须立即停炉。

二、省煤器管损坏

1. 省煤器管损坏的现象

（1）在给水自动调节状况下，给水流量不正常地大于蒸汽流量，严重时汽包水位下降。

（2）省煤器和空气预热器的烟气温度降低或两侧温差增大，排烟温度降低。

（3）烟气阻力增加，引风机电流增大。

（4）省煤器烟道内有异音。

（5）从省煤烟道不严密处向外冒汽，严重时，下部烟道人孔门及空气预热器下部灰斗有水漏出。

2. 省煤器损坏的原因

（1）旋风分离器分离效率低，烟气含尘较大，造成飞灰磨损。

（2）省煤器安装不合理，形成烟气走廊，造成管壁因磨损过快而损坏。

（3）给水质量不良，造成管壁腐蚀。

（4）运行人员在启停炉时，没有按要求即时开启和关闭再循环门。

（5）焊接质量不良。

（6）管子被杂物堵塞，引起管子过热。

3. 省煤器损坏的处理

（1）增加锅炉给水，维持汽包正常水位，适当降低锅炉蒸发量，汇报值长及上级领导，申请停炉。

（2）如果故障锅炉在继续运行过程中，汽包水位迅速降低故障情况继续加剧，或影响其他锅炉的给水时，则应立即停炉，保留引风机运行，以排除蒸汽及烟气。

（3）停炉后关电动主汽门。

（4）为维持汽包水位，可继续向锅炉上水，关闭所有放水门，禁止开启省煤器与汽包再循环门。

（5）开启除尘器旁路，退出除尘器运行。

三、过热器管（屏）损坏

1. 过热器管（屏）损坏时的现象

（1）蒸汽流量不正常地小于给水流量。

（2）损坏严重时，锅炉汽压下降。

（3）燃烧室负压不正常地减小或变正压，严重时由不严密处向外喷汽和冒烟。

（4）过热器后的烟气温度降低，两侧温差增大。

（5）过热蒸汽温度发生变化。

（6）屏式过热器损坏时，炉膛温度降低。

（7）过热器泄漏处有漏气声。

（8）引风机电流增大。

2. 过热器（屏）损坏的常见原因

（1）化学监督不严，汽水分离器结构不良，或存在缺陷，致使蒸汽品质不好，在过热器管内结垢，检修时又未彻底清除，引起管壁温度升高。

（2）旋风分离器效率低，烟气含尘量大，造成过热器磨损。

（3）燃烧不当，造成过热器前烟气温度升高。

（4）由于运行工况恶化，造成过热蒸汽温度或管壁温度长期超限度运行。

（5）在点火升压过程中，过热器通汽量不足，而引起过热。

（6）过热器结构布置不合理，受热面过大，蒸汽分布不均，蒸汽流速过低，引起管壁温度过高。

（7）过热器管安装不当，制造有缺陷，材质不合格，焊接质量不良。

（8）过热器被杂物堵塞。

（9）长期超温运行造成管材蠕胀。

3. 过热器管（屏）损坏的处理

（1）过热器管（屏）损坏严重时，必须立即停炉，防止从损坏的过热器中喷出蒸汽，吹损邻近的过热器管，避免扩大事故。

（2）如过热器轻微泄漏，可适当降低锅炉蒸发量，在短时间内继续运行，汇报值长及上级领导，申请停炉，并经常检查漏气情况，若泄漏情况加剧，则须及早停炉。

（3）停炉后关闭电动主汽门和隔离门，保留引风机运行，以排除炉内蒸汽和烟气后停止。

四、减温器损坏

1. 喷水式减温器水管损坏的现象

（1）过热蒸汽温度降低，各导汽管间的温差增大。

（2）过热蒸汽含盐量升高。

（3）严重时，蒸汽管道发生水冲击。

2．喷水式减温器水管损坏常见原因

（1）减温器喷水量变化过大。

（2）减温器结构上存在缺陷，喷水喷头孔径率过大。

（3）检修质量不良，喷头掉落。

3．喷水式器水管损坏的处理

（1）根据气温的变化情况，适当降低锅炉蒸发量，尽快解列减温器。

（2）必要时，开启过热器及蒸汽管道疏水门。

（3）若主汽温度超过正常值，且通过其他方式调整无效时，应立即停止故障锅炉的运行。

五、蒸汽及给水管道损坏

1．蒸汽或给水管道损坏时的现象

（1）管道轻微泄漏时，发出响声，保温层潮湿或漏汽滴水。

（2）管道爆破时，发出显著响声，并喷出汽、水。

（3）蒸汽或给水流量变化异常，爆破部位在流量表前流量减小，在流量表之后，则流量增加。

（4）蒸汽压力或给水压力下降。

（5）给水母管爆破时，各锅炉水位下降。

2．蒸汽或给水管道损坏的常见原因

（1）管道安装不当，制造有缺陷，材质不合格，焊接质量不良。

（2）管道的支吊装置安装不正确，影响管道自由膨胀。

（3）蒸汽管道超过标准或运行时间过久，金属强度降低。

（4）蒸汽管道暖管不充分，产生严重水冲击。

（5）给水质量不良，造成管壁腐蚀。

（6）给水管道局部冲刷，管壁减薄。

（7）给水系统运行不正常，压力波动过大，水冲击或振动。

3．给水管道损坏的处理

（1）如给水管道泄漏轻微，能够保持锅炉给水，且不致很快扩大故障时，可能维持短时间运行，若故障加剧，直接威胁人身或设备安全时，则应立即停炉。

（2）如给水管道爆破，应设法尽速将故障管段与系统解列，若不能解列又无法保持汽包水位时应停炉处理。

4．蒸汽管道损坏的处理

（1）如蒸汽管道泄漏轻微，不致很快扩大故障时，可维持短时间运行，若故障加剧，直接威胁人身或设备安全时，则应立即停炉。

（2）如锅炉蒸汽管道爆破，无法维持汽机的汽压，或直接威胁人身、设备安全时，应做停炉处理。

（3）如蒸汽母管爆破，应设法尽速将故障段与系统解列。

第八节　锅炉及管道的水冲击

一、水冲击的现象

（1）给水管道水冲击时，给水压力表指示不稳，蒸汽管道水冲击时，过热蒸汽压力表指示不稳。

（2）管道内有水冲击响声，严重时管道振动。

（3）省煤器水冲击时，省煤器有水击响声。

二、水冲击的常见原因

（1）给水压力或汽、水温差变化剧烈。

（2）给水管道逆止门动作不正常。

（3）给水管道或省煤器充水时，没有排尽空气或给水流量过大。

（4）省煤器通水量过小，致使给水汽化。

（5）冷炉上水过快，水温过高，或进水阀门开度过大。

（6）锅炉点火时，蒸汽管道暖管不充足，疏水未排尽。

（7）蒸汽温度过低或带水。

三、水冲击的处理

（1）当给水管道发生水冲击时，可适当关小控制给水的阀门，若不能消除时，则改用备用给水管道供水。

（2）如锅炉给水门后的给水管道发生水冲击时，关闭给水门（开启汽包至省煤器再循环门），待水冲击消除后，再关闭再循环门、缓慢开启给水门的方法消除。

（3）如表面式减温器发生水冲击时，可关闭其入口门，而后缓慢开启，若不能消除时，可暂时解列减温器。

（4）省煤器在升火过程中发生水冲击时，应适当延长升火时间，并增加上水与放水的次数，保持省煤器出口水温，符合规定。

（5）在汽水管道的水冲击消除后，应检查支吊架的情况，及时消除所发现的缺陷。

第九节　锅炉灭火

一、灭火的现象

（1）床温急剧下降，炉膛出口烟温下降，返料温度下降。

（2）燃烧室变暗，看不见火。

（3）主汽温度、压力下降，主汽流量降低，汽包水位先下降后上升。

（4）氧量表指示大幅度上升。

（5）二次风风压指示变小。

（6）燃烧室负压增大，炉膛出口负压增大。

（7）主汽温度低、主汽压力低报警、红灯亮。

二、灭火的原因

（1）给料机故障堵料，未及时发现，造成断料时间过长。

（2）分离器灰过多，循环灰大量涌入炉膛，造成床温低。

（3）锅炉负荷偏低，配风不当。

（4）料质突然变差，挥发份或发热量过低，运行人员未及时进行调整。

（5）料层过薄操作失误。

（6）水冷壁管严重爆破，大量炉水喷出。

三、灭火的处理

（1）当锅炉灭火时，应立即停止给料机和拨料机的运行，要求值长立即降低负荷。

（2）加大引风量，炉膛吹扫 5 分钟以上。

（3）启动点火油泵，调整油压在 1.5～2.0MPa。

（4）将所有的自动调节改手动调节，关小给水调节门，减小给水量，保持汽包水位略低于正常水位，一般为–30～–50mm。

（5）根据情况适当减少风量，调整循环灰量，必要时放掉一些灰，关小二次风。

（6）根据汽温和汽压的下降情况，关小或关闭减温水，并开过热器疏水和隔离门前疏水。必要时关闭并汽门。

（7）查明原因并加以消除，然后重新点火，按其正常点火程序进行。

（8）锅炉灭火后，严禁向炉膛内继续供给燃料。

第十节　流化床结焦

锅炉在实际运行中，如果床温超过灰渣的熔化温度，就会导致结焦现象的产生，破坏正常的流化燃烧状况，影响锅炉正常运行。锅炉结焦现象主要发生在炉床部位。结焦要及时发现及时处理，千万不能使焦块扩大，或全床结焦时再处理，否则不但清焦困难，还损坏设备。

一、流化床结焦的现象

（1）床温急剧上升，并且超过灰分的熔点温度，然后下降。

（2）氧量指示下降，甚至到零。

（3）炉膛各部位温度先上升后下降。

（4）床料不流化，燃烧在料层表面进行，循环物料减少，炉膛差压下降，床内出现固定的白色火焰。

（5）大面积结焦时，风室密相层床压升高，且波动较大。

（6）观察火焰时，局部大面积火焰呈白色，并向上串动。

（7）密相区各热电偶测点温差增大。

（8）如果在启动过程中，料层温度并不高，在流化不良的底料层上出现了固定位置的白色火焰，这就说明火焰下面有强烈的燃烧现象，形成结焦或焦块，应立即进行处理，防止扩大。

（9）过热器出口蒸汽温度、汽压下降，锅炉负荷降低。

二、流化床结焦的原因

（1）料的灰熔点低。

（2）运行中一次风量保持太小，低于在热态运行时的最低流化风量，使物料不能很好地流化而堆积，改变了整个炉膛的温度场。悬浮段燃烧份额下降，锅炉出力降低，这时盲目加大给料量，必然造成床温超温而结焦。

（3）燃料的颗粒直径较大，造成大颗粒积沉，流化质量变差。

（4）料质变化太大。

（5）燃烧时监视、调整不当造成超温。

（6）紧急停炉时床层上沉积了大量的燃料，在启动过程中形成爆燃，床温猛增而结焦。

（7）在启动时，一次风太小造成局部结焦，因未处理而扩大。

（8）风帽损坏和堵塞较多，其流化质量变差而结焦。

（9）料层过厚而未及时排放。

（10）返料装置故障或堵塞，床温猛增。

（11）给料太湿，播料风太小，造成在给料口堆积现象。

（12）耐火砖脱落，炉膛有大块的异物，破坏正常的流化。

（13）强制带负荷，引起床温升高而结焦。

三、流化床结焦的处理方法

（1）对于在启动过程中产生的局部小焦块，可以适当增加一次风量，调高床压的同时还可以用排渣的方法，将焦块排出，但要维持合适的料层差压。

（2）正常运行中如发现床温陡长并已经表现出结焦的苗头时应立即汇报值长减负荷，停止给料，增加一次风量与返料风，保持合适的炉膛压力，进行必要的燃烧调整，使床温回到正常值后恢复运行。

（3）经上述措施处理后，仍不能解决时，立即停炉处理。

（4）停炉后，打开炉门，检查结焦情况。若局部小块结焦，可用火钩打碎扒出，然后重新启动。

（5）如果燃烧室大面积结焦，应立即停炉，冷却后进行清理。

（6）当发现返料器床温急剧升高时，应立即减少给料量，降低负荷运行，不能解决时停炉处理。

第十一节　旋风筒内再燃烧

一、旋风筒内再燃烧的现象

（1）旋风筒出口烟气温度升高。

（2）低温过热器入口烟气温度升高。

（3）蒸汽温度升高。

（4）返料温度升高。

（5）排烟温度升高。

二、旋风筒再燃烧的原因

（1）秸秆的颗粒度超长的较多，二次燃烧。

（2）床温控制较高。

（3）回料系统堵塞或循环灰量较少。

（4）旋风筒有可燃物的积聚或挂焦。

三、旋风筒再燃烧的处理

（1）汇报值长，适当降低负荷，减少一、二次风量，增大引风量。

（2）检查旋风回料系统是否堵塞，如堵塞应尽快疏通，若无堵塞提高返料风压及风量。

（3）经二次燃烧还不能消除时，应停炉处理。

第十二节　返料器结焦或终止返料

一、返料器结焦或终止返料的现象

（1）返料器温度急剧升高。

（2）返料温度及整个返料系统温度升高后又缓慢下降。

（3）气温升高。

（4）从返料器观察孔发现返料器立管处已堆积，物料不移动。

（5）放循环灰时，有焦块堵塞，而放不下来。

（6）锅炉负荷下降。

（7）料层差压下降，炉膛差压下降。

二、返料结焦或终止返料的原因

（1）点火过程中返料器内的循环灰，遇到返料风引起燃烧而结焦。

（2）返料器内积存大量的循环灰，其返料风压太低返料压集而未流化。

（3）返料器内小风帽严重损坏或返料器内有异物和浇注料堵塞。

（4）正常运行中返料风压过低，风量波动较大。

（5）操作不当引起返料终止。

（6）返料风室积灰太多，风量不足。

（7）料的含碳量高，其挥发分低，造成返料温度超过灰分的熔点而结焦。

（8）负荷过大，引起返料温度超温而结焦。

（9）返料风机故障，而未及时减负荷，引起循环灰沉积而终止。

（10）风帽在制造过程中，风帽的开孔率不够，或在运行中小孔严重堵塞。

三、返料结焦或终止返料的处理

（1）加强对返料温度的控制，防止超温。

（2）保证返料风稳定。

（3）如返料有终止现象，加强放灰，提高返料风压。

（4）若放灰不下，应立即停炉，并打开人孔门，清除焦块和积灰，确认畅通后重新启动。

第十三节　负荷骤减与骤增

一、负荷骤减

1. 负荷骤减时的现象

（1）锅炉汽压急剧上升。

（2）蒸汽流量减小。

（3）汽包水位瞬间下降而后上升。

（4）过热器蒸汽温度升高。

（5）电负荷的指示突然减小。

（6）严重时，过热器集汽联箱及汽包安全门动作。

2. 负荷骤减的原因

（1）电力系统故障，发电机与系统解列。

（2）汽轮机故障。

（3）发电机故障。

3. 负荷骤减的处理

（1）根据负荷下降的情况，较大幅度地减少给料，适当地降低一次风量、二次风量和炉膛负压。

（2）调整二次风进口挡板。

（3）降低返料风量和返料风压，控制循环灰量。

（4）汽压如果继续升高，应立即开启过热器向空排汽阀，但应保持正常的压力和汽包水位。

（5）根据汽温的情况关小或关闭减温水，必要时可开过热器疏水。

（6）将所有自动改为手动。根据汽包水位的实际情况，保持水位略低于正常水位，以保持迅速增加负荷。

（7）锅炉安全门已全部动作，但汽压降至工作压力以下而不能回座时，应采取措施，使其复位。若较长时间不能恢复，应停炉，待故障消除后，立即点火，恢复正常运行。

二、负荷骤增

1. 负荷骤增的现象

（1）锅炉汽压急剧下降。

（2）蒸汽流量增加。

（3）汽包水位瞬间上升而后下降。

（4）过热器蒸汽温度降低。

（5）电负荷指示突然增加。

2．负荷骤增时的原因

（1）汽机加负荷过快，幅度过大。

（2）其他锅炉突然出现故障。

3．负荷骤增时的处理

（1）根据负荷上升情况，较大幅度地增加一次风量、给料量，相应地提高二次风量，维持正常的炉膛负压。

（2）若因其他运行炉出现故障，汽压下降过快，应要求值长降负荷运行。

（3）适当增大返料风量、返料风压，提高循环灰量。

（4）根据过热器蒸汽出口温度的变化情况，适当减少减温水量。

（5）将所有的自动改为手动，并保持正常的水位。

（6）如果给水压力低，立即联系汽机人员迅速启动给水泵，或关小关闭给水泵再循环阀，提高给水压力。

第十四节 厂用电中断

一、锅炉 10kV、690V 厂用电中断

10kV 的电动机有给水泵 ，循环水泵（两台）。690V 的电动机有：引风机、一次风机。

1．厂用电中断的现象

（1）工作照明灯熄灭，事故照明灯启用。

（2）运行中的引风机、一次风机停止转动，锅炉 MFT 动作，其他转动设备停止运行，各电动机 DCS 显示电流指示回零。

（3）DCS 显示电压指示到零。

（4）锅炉蒸发量、汽压、汽温、水位急剧下降，汽压低、汽温低、水位低报警。

（5）执行机构失电，无法操作。

（6）事故警报器鸣叫，指示灯闪光。

2．厂用电源中断的处理

（1）在 DCS 上将 MFT 复位、MFT 首出信号复位。

（2）在 DCS 上将所有跳闸转机的开关复位，将引风机、一次风机的变频调节器置零。

（3）关闭连续排污门、各取样一次门，开启汽包至省煤器再循环门。

（4）派人就地关闭给水门，Ⅰ、Ⅱ级减温水门。

（5）派人迅速就地将各风机风门挡板关闭（根据情况可保留引风机入口风门挡 10%的开度以便排出炉内的可燃汽体，启动时再关闭），并汇报值长，要求迅速恢复电源。

（6）派专人监视汽包就地水位计，加强监督水位的变化情况。

（7）电源未恢复之前，锅炉应按紧急停炉处理，在关闭主汽门和主汽隔离门时，应得到

值长和汽机人员的同意，并开启过热器集汽联箱疏水。

（8）注意汽压的上升情况，当主汽压力超过额定压力时，可开启过热器向空排汽门或其他过热器疏水门。

（9）为了保证汽包水位，在确定安全门不动作时，应关闭过热器疏水门。

（10）厂用电源恢复后，联系汽机立即启动给水泵，做好进水准备。

（11）厂用电短时间中断，汽包水位计仍有可见水位，应关闭汽包至省煤器再循环门，立即缓慢地向锅炉进水，使汽包水位略低于正常水位，然后做好启动前的各项准备工作，与值长联系，得到启动的命令后，按规定顺序启动。

（12）厂用电中断时间较长，厂用电源恢复后已看不到汽包水位。经叫水后，若水位在汽包水位计中出现，则应关闭汽包至省煤器再循环门，立即向锅炉进水，待汽包水位略低于正常水位时，停止上水，开启再循环门，得到值长启动的命令后，按规定程序启动锅炉。若水位未在汽包水位计中出现，则严禁向锅炉进水，只有待锅炉冷却后，才能进行上水工作。

二、锅炉 0.4kV 厂用电中断

1．0.4kV 厂用电源中断的现象

（1）集控室内交流照明灯灭，事故照明灯亮。

（2）除引风机、一次风机外，其余电机电流到零，事故报警喇叭响。

（3）0.4kV 电压指示到零。

（4）锅炉蒸发量、汽压、汽温、水位均急剧下降，汽包水位先下降后上升。

（5）部分热工仪表停电，指示失常。

2．0.4kV 厂用电中断的原因

（1）10kV 厂用电中断

（2）厂用变故障。

（3）0.4kV 母线故障。

（4）保护误动作。

（5）工作人员误操作。

3．0.4kV 厂用电源中断的处理

（1）在 DCS 上将跳闸转机开关复位，将二次风机的入口挡板开度置零，联系电气尽快恢复电源，汇报值长。

（2）立即关闭连续排污门及各取样一次门。

（3）立即减小一次风量，对炉膛进行吹扫后，停止一次风机、引风机。

（4）得到值长和汽机人员同意后，关闭主汽门，开启过热器集汽联箱疏水门。

（5）派人就地调整给水门的开度，保持汽包水位在 –50～–30mm 范围内，停止上水后，开启汽包至省煤器再循环门。

（6）根据汽温下降情况，派人就地关小或关闭Ⅰ、Ⅱ级减温水门。

（7）派人就地控制向空排汽门，当主汽压力高于 5.3MPa 时开启。

（8）如果电源长时间不能恢复，应按紧急停炉程序进行处理。

（9）做好电源恢复准备工作，电源恢复后即可恢复锅炉运行。

第十五节　风机故障

一、风机故障时的现象

（1）电流不正常地增大，或超过额定值。

（2）风机入口或出口风压发生变化。

（3）风机处有冲击或摩擦等不正常的响声。

（4）风机轴承温度不正常地升高，电机轴承温度和线圈温度不正常地升高。

（5）轴承有焦味、冒烟现象。

（6）风机振动，串轴超过规定值。

（7）电机电源开关跳闸。

二、风机故障的常见原因

（1）叶片磨损。

（2）叶轮腐蚀或粘灰，导致不平衡。

（3）风机或电机的地脚螺丝松动。

（4）风机入口挡板处有杂物。

（5）挡板严重错位，进风量不均。

（6）轴承润滑油质量不良，油量不足，油环带油不正常，油中混有水分，造成轴承磨损。

（7）轴承冷却水量少或中断。

（8）轴承、转子等制造安装时质量不良，串轴过大。

（9）风机电动执行机构发生故障，挡板积灰卡涩或连杆滑轮销子脱落。

三、风机故障的处理

（1）遇有下列情况应立即停止风机运行，并汇报值长：

1）风机发生强烈的振动、撞击和摩擦时。

2）风机或电机轴承温度不正常地升高，经过采取措施处理无效，且超过允许极限时。

3）电动机线圈温度过高超过允许极限时。

4）轴承有焦味、冒烟等现象。

5）电气设备故障必须停风机时。

6）电机运行中电流突然上升并超过允许的极限时。

7）风机或电机有严重缺陷，危及设备和人身安全时。

8）发生火灾危及设备安全时。

9）发生人身事故，必须停止风机，才能解救时。

（2）如果风机所产生的振动、撞击或摩擦不至于引起设备损坏时，可适当地降低风机负荷，使其继续运行，并有专人监护检查风机的运行情况，查明原因后，尽快消除。

（3）当风机轴承温度升高时，应检查油量、油质、油环及冷却水的情况，注意看润滑油的颜色、黏度是否正常，油内是否有进水现象，油位是否在规定的范围内，轴承冷却水是否有堵塞现象，冷却水量是否充足，冷却水温度是否过高。查明原因设法处理。

（4）如经上述处理，轴承温度仍继续升高且超过其允许极限时，应停止风机运行。

（5）当电动机发生故障跳闸需要重新启动风机时，必须取得当班值长和电气班长的同意。

（6）若电动机在故障跳闸前，无电流过大或机械部分的缺陷时，跳闸后可重合闸一次，如重新合闸成功，则按顺序再次启动其他转动设备。经重合闸不成功，应报告值长，联系电气检修人员处理。

四、风机故障的预防

（1）每小时检查 1 次风机的运行情况。

（2）轴承温度不允许超过规定的范围。

（3）轴承冷却水不得中断。

（4）电动机的温升不得超过铭片规定。

（5）风机及电动机的振动，串轴不得超过允许值。

（6）电机的电流不得长时间超过额定值。

（7）罗茨风机运行时应经常检查消音器外防护网，防止脱落、松动，以免外物进入风机打坏叶轮。

第十六节　放渣管堵塞

一、放渣管堵塞的原因

（1）点火前炉内有大的异物，或点火中出现局部的小焦块未清理干净。

（2）风帽、风眼堵塞或损坏造成局部结焦。

（3）运行中床温控制过高，其造成炉内有小焦块。

（4）浇注料或耐火材料脱落。

（5）料中有较大的杂物。

（6）放渣管进口、出口变形。

（7）放渣过快，渣管温度太高，停止放渣后管内渣结焦。

（8）料的颗粒大。

二、放渣管堵塞的处理

（1）放渣管堵塞时要立即报告值长，迅速组织人员处理。在处理过程中必须做好安全措施，参加处理人员必须穿防护衣，戴防护帽和防护手套。

（2）经过上述处理，若的确不能维持运行，应停炉处理，并尽快恢复运行。

思考题

13.1　锅炉事故处理的原则是什么？

13.2　什么情况下需紧急停炉？

13.3　锅炉运行中，常见事故有哪些？

13.4　什么叫锅炉满水？该如何处理？

13.5　什么叫锅炉缺水？该如何处理？

13.6　汽包水位计损坏的原因有哪些？

13.7　水冷壁管爆破会出现哪些现象？该如何处理？

13.8　水冲击会出现哪些现象？该如何处理？

13.9　锅炉灭火的原因有哪些？该如何处理？

13.10　流化床结焦的原因有哪些？该如何处理？

13.11　返料器结焦会出现哪些现象？该如何处理？

参考文献

[1] 叶江明. 电厂锅炉原理及设备[M]. 北京：中国电力出版社，2010.
[2] 杨建华. 循环流化床锅炉设备及运行[M]. 北京：中国电力出版社，2014.
[3] 刘晓，李永玲. 生物质发电技术[M]. 北京：中国电力出版社，2015.
[4] 李大中. 生物质发电技术与系统[M]. 北京：中国电力出版社，2014.
[5] 宋景慧，湛志刚，马晓茜，等. 生物质燃烧发电技术[M]. 北京：中国电力出版社，2013.
[6] 刘明华. 生物质的开发与利用[M]. 北京：化学工业出版社，2012.
[7] 周强泰. 锅炉原理[M]. 北京：中国电力出版社，2013.
[8] 陆春美，陈世庆，王永征，等. 循环流化床锅炉设备与运行[M]. 北京：中国电力出版社，2008.
[9] 樊泉桂. 锅炉原理[M]. 北京：中国电力出版社，2014.
[10] 王灵梅. 电厂锅炉[M]. 北京：中国电力出版社，2013.
[11] 任永红. 循环流化床锅炉实用培训教材[M]. 北京：中国电力出版社，2007.
[12] 朱皑强，芮新红. 循环流化床锅炉设备及系统[M]. 北京：中国电力出版社，2008.
[13] 王世昌. 循环流化床锅炉原理与运行[M]. 北京：中国电力出版社，2016.
[14] 赵伶玲，周强泰. 锅炉课程设计[M]. 北京：中国电力出版社，2013.
[15] 姚向君，田宜水. 生物质能资源清洁转化利用技术[M]. 北京：化学工业出版社，2005.
[16] 冯俊凯，沈幼庭，杨瑞昌. 锅炉原理及计算[M]. 北京：科学出版社，2003.
[17] 卢啸风. 大型循环流化床锅炉设备与运行[M]. 北京：中国电力出版社，2006.
[18] 屈卫东，杨建华. 循环流化床锅炉设备及运行[M]. 郑州：河南科学技术出版社，2002.
[19] 林宗虎，徐通模. 实用锅炉手册[M]. 北京：化学工业出版社，1999.
[20] 岑可法，倪明江，骆仲泱，等. 循环流化床锅炉理论设计与运行[M]. 北京：中国电力出版社，1998.
[21] 王世昌，郭永红，肖海平. 锅炉原理实验指导书[M]. 北京：中国水利水电出版社，2010.
[22] 徐旭常，周力行. 燃烧技术手册[M]. 北京：化学工业出版社，2008.
[23] 杨勇平，董长青，张俊姣. 生物质发电技术[M]. 北京：中国水利水电出版社，2007.
[24] 崔宗均. 生物质能源与废弃物资源利用[M]. 北京：中国农业大学出版社，2011.
[25] 孙立，等. 生物质发电产业化技术[M]. 北京：化学工业出版社，2011.
[26] 邸明伟，高振华. 生物质材料现代分析技术[M]. 北京：化学工业出版社，2010.
[27] 张衍国，李清海，冯俊凯. 炉内传热原理与计算[M]. 北京：清华大学出版社，2008.
[28] 朱全利. 超超临界机组锅炉设备及系统[M]. 北京：化学工业出版社，2008.
[29] 丁立新. 电厂锅炉原理[M]. 北京：中国电力出版社，2006.
[30] 张永涛. 锅炉设备及系统[M]. 北京：中国电力出版社，1997.
[31] 刘德昌，陈汉平，等. 循环流化床锅炉运行事故及处理[M]. 北京：中国电力出版社，2006.
[32] 林宗虎，等. 循环流化床锅炉[M]. 北京：化学工业出版社，2004.
[33] 吕俊复，等. 循环流化床锅炉运行与检修[M]. 第2版. 北京：中国水利水电出版社，2005.

[34] 岑可法，姚强，骆仲泱，等．燃烧理论与污染控制[M]．北京：机械工业出版社，2004．

[35] 刘德昌，阎维平．流化床燃烧技术[M]．北京：水利电力出版社，1995．

[36] 中国电力科学研究院生物质能研究室．生物质能及其发电技术[M]．北京：中国电力出版社，2008．

[37] 苏亚欣，毛玉如，赵敬德．新能源与可再生能源概论[M]．北京：化学工业出版社，2006．

[38] 袁振宏，吴创之，马隆龙，等．生物质能利用原理与技术[M]．北京：化学工业出版社，2003．

[39] 林聪．沼气技术理论与工程[M]．北京：化学工业出版社，2006．

[40] 沈剑山．生物质能源沼气发电[M]．北京：中国轻工业出版社，2009．

[41] 国家能源局．2017年度全国可再生能源电力发展监测评价报告[DB/OL]，2018.5. http://zfxxgk.nea.gov.cn/auto87/201805/t20180522_3179.htm.

[42] BP.2018年BP世界能源统计年鉴[DB/OL]．2018.6. https://www.bp.com/content/dam/bp-country/zh_cn/Publications/2018SRbook.pdf.

[43] 路明，王思强．中国生物质能源可持续发展战略研究[M]．北京：中国农业科学出版社，2010．

[44] 马隆龙，吴创之．生物质能气化技术及其应用[M]．北京：化学工业出版社，2006．

[45] 于雄飞．带你全面了解生物质发电[J]．绿色中国，2018，No.494（04）：44-47．

[46] 朱波，陈汉平，杨海平，等．烘焙对农业秸秆燃烧特性的影响[J]．中国电机工程学报，2011，31（23）：115-120．

[47] 秦建光，余春江，王勤辉，等．流化床秸秆燃烧技术研究与开发[J]．水利电力机械，2006，28（12）：70-75．

[48] 司耀辉，陈汉平，王贤华，等．农业秸秆燃烧特性及动力学分析[J]．华中科技大学学报（自然科学版），2012，40（1）：128-132．

[49] 王晓玉，薛帅，谢光辉．大田作物秸秆量评估中秸秆系数取值研究[J]．中国农业大学学报，2012．

[50] 谢光辉，韩东倩，王晓玉，等．中国禾谷类大田作物收获指数和秸秆系数[J]．中国农业大学学报，2011，16（1）：1-8．

[51] 刘宝森，昌俊复，姜义道，等．循环流化床锅炉对煤种的适应性及灰平衡与煤种的关系[J]．电站系统工程，2000，16（2）：71-74．

[52] 冯俊凯．循环流化床燃烧锅炉正常运行的规律[J]．能源信息与研究，2000，16（1）：1-6．

[53] 杨晨，何祖威，辛明道．大型循环流化床锅炉固体颗粒流动及分布的数值模拟[J]．燃烧科学与技术，2000，6（3）：238-243．

[54] 牛培峰．大型国产循环流化床锅炉燃烧过程智能控制系统应用研究[J]．中国电机工程学报，2000，20（12）：62-66，71．

[55] 阎维平，于希宁．循环流化床锅炉床温控制过程分析[J]．锅炉技术，2001，32（12）：20-25．

[56] 吕俊复，张建胜，敦庆杰，等．循环流化床锅炉燃烧室边界层的实验研究[J]．热能动力工程，2002：16（1）：20-22．

[57] 王勤辉，骆仲泱，倪明江，等．循环流化床锅炉炉内颗粒分布平衡模型[J]．中国电机工程学报，2001，21（9）：110-115．

[58] 王智微，李定凯，唐松涛，等. 生物质燃料循环流化床锅炉的模型化设计[J]. 能源信息与研究，2002，18（1）：21-29.

[59] 赵巧良. 生物质发电发展现状及前景[J]. 农村电气化，2018，3（3）：60-63.

[60] Chang N B , Wang H P , Huang W L,et al .The assessment of reuse potential for municipal solid waste and refuse-derived fuel incineration ashes[J].Resources, Conservation and Recycling, 2002,25(3-4):255-270.

[61] 黄小琴. 中国林业生物质发电的现状、存在问题及发展对策[J]. 价值工程，2018，176-177.

[62] Yaman S, Sahan M, Haykiri-Acma H, et al. Fuel briquettes from biomass-lignite blends[J].Fuel Processing Technology. 2001,72(1):1-8.

[63] 蒋高明，庄会永. 生物质直燃发电：未来能源发展新趋势[J]. 发明与创造，2009，（2）：37-37.

[64] Xu K, Ma Y, Chang X, et al.A New Briquetting Method for Biomass Coal and its Influencing Factors[J]. Huanjing Kexue/Environmental Science, 2001, 22(4):81-85.

[65] MALANIN V I, MAKSIMOV A A, KVASHNIN. Method and apparatus for briquetting of lignin-con-taining materials: RU 2191799 [P], 2002.

[66] MASON M, DUMBLETON, FREDERICK J. Production of compact biomass fuel: WO 2003087276 [P], 2003.

[67] REED, THOMAS B. Combined biomass pyrolysis and densifica-tion for manufacture of shaped biomass-derived solid fuels: US 2003 221363 [P], 2003.

[68] WERNER, HANS. Process and apparatus for production of fuel from compressed biomass and use of the fuels: EP 1443096 [P], 2004.

[69] DEMIRBAS, AYHAN, SAHIN-DEMIRBAS. Briquetting properties of biomass waste materials[J]. Energy Sources, 2004, 26(1):83-91.

[70] 童家麟，吕洪坤，齐晓娟，等. 国内生物质发电现状及应用前景[J]. 浙江电力，2017，36（3）：62-66.

[71] 冀佳蓉，王运军. 国外生物质发电技术研究进展[J]. 山西科技，2014，29（3）：59-61.

[72] 唐黎. 广东粤电湛江生物质发电项目（2×50MW）工程热工自动化设计及优化方案介绍[J]. 企业科技与发展，2010（14）：137-140.

[73] Annette Evans, Vladimir Strezov, Tim J Evans. Sustainability considerations for electricity generation from biomass [J]. Renewable and Sustainable Energy Reviews, 2010, 14:1419-1427.

[74] 冯义军. 生物质发电发展迎来良好机遇期[N]. 中国电力报，2018.

[75] 可再生能源发展"十三五"规划实施指导意见.

[76] 生物质发电"十三五"规划布局方案.

[77] 肖建军，黄卫东. 浅析中国生物质发电产业现状及主要问题[J]. 广州化工，2012，40（8）：23-25.

[78] 翁丽娟. 生物质发电的技术现状及发展[J]. 电力建设，2016，1（8）：237-238.

[79] 王侃宏，罗景辉，刘欢，等. 中国生物质发电行业现状比较及发展建设[J]. 节能，2014，01（23）：8-10.